LÜMUMEI HE ZHANGZISONG
WAISHENGJUNGEN HUZUOYANJIU

绿木霉和樟子松外生菌根
互作研究

尹大川　刘志华　宋瑞清　著

U0243862

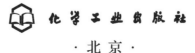

化学工业出版社

·北京·

内 容 简 介

本书从樟子松苗木强化入手，详细介绍了樟子松高效外生菌根菌的筛选、外生菌根菌对樟子松的接种效应、褐环乳牛肝菌与绿木霉对樟子松最佳接种方式筛选、"樟子松-褐环乳牛肝菌-绿木霉"体系的性能评价、复合接种褐环乳牛肝菌与绿木霉对樟子松根际微生态的影响、共培养条件下绿木霉对褐环乳牛肝菌产酶的诱导效应，以及大田应用等内容，初步探索出一条解决樟子松林衰退问题的路径，对樟子松的人工造林及其生态修复作用的发挥均具有重要意义。

本书可供林业生物菌肥基础研究与开发人员使用，也可供外生菌根菌领域相关学者参考。

图书在版编目（CIP）数据

绿木霉和樟子松外生菌根互作研究 / 尹大川，刘志华，宋瑞清著. —北京：化学工业出版社，2021.8
ISBN 978-7-122-39157-5

Ⅰ.①绿… Ⅱ.①尹… ②刘… ③宋… Ⅲ.①樟子松-绿色木霉-外生菌根-研究 Ⅳ.①Q949.32

中国版本图书馆 CIP 数据核字（2021）第 091944 号

责任编辑：张 赛 刘 军　　　　　　　　装帧设计：王晓宇
责任校对：张雨彤

出版发行：化学工业出版社（北京市东城区青年湖南街 13 号　邮政编码 100011）
印　　装：涿州市般润文化传播有限公司
710mm×1000mm　1/16　印张 8¾　字数 139 千字　2021 年 8 月北京第 1 版第 1 次印刷

购书咨询：010-64518888　　　　　　　　售后服务：010-64518899
网　　址：http://www.cip.com.cn

凡购买本书，如有缺损质量问题，本社销售中心负责调换。

定　　价：68.00 元

樟子松是我国北方主要的造林树种，其造林面积仅次于杨树，在生态建设、环境修复等方面发挥着重要的作用，同时也是建筑和家装等领域常用的优质木材。而当前在樟子松造林过程中出现了不同程度的衰退现象，樟子松林面临着土传病害发生严重、土壤环境退化、苗木成活率低和适应性差等诸多问题。

关于如何解决樟子松林的衰退问题，目前尚没有很好的办法。作者在相关研究中，试图引入根际有益微生物的联合施用，通过构建一个全新的苗木抗逆体系，以期增强林木的生长势以及抗逆境胁迫能力，达到缓解其衰退的目的。

植物根际微生物是一个十分复杂的微生态系统，其中外生菌根菌和木霉菌是两类重要的土壤微生物类群，是植物根际促生微生物和生防菌的典型代表，在与植物的互作中对促进植物的生长、抗逆等方面发挥着重要作用。部分外生菌根菌通过寄生于树木根部，可形成互惠共生的外生菌根，可促进植物的生长及对养分的吸收，增强植物的抗逆性，还具有生态环境修复功能。木霉通过与植物形成共生关系，促进植物生长发育，诱导并激发植物自身免疫功能，常用作植物病害的生物防治菌。故而寻找适宜的外生菌根菌和木霉菌并对苗木进行强化，就成了解决以上问题的可行路径。

本书详细介绍了樟子松优良外生菌根菌和高效的生防木霉菌株的筛选，在此基础上研究了二者的离体互作效应及对樟子松土壤养分吸收、生长、抗逆（干旱胁迫、盐碱胁迫等）的影响和协同作用机制等。通过从野外分离得到的外生菌根菌株，对一年生樟子松苗木进行接种试验，从中筛选出具有高效促生作用的外生菌根菌株——褐环乳牛肝菌，利用其发酵液与前期筛选得到的高效生防绿木霉菌株，对一年生樟子松苗木进行复合接种试验，构建出"樟子松-外生菌根菌-木霉"三位一体的抗逆体系，提出了复合菌剂的复配工艺和苗木接种技术。本研究对樟子松的人工造林及其生态修复作用的发挥均具有重要意义，对我国"十四五"污染防治攻坚战"碳达峰""碳中和"
目标的落实有着重要的支撑作用。

本书承蒙辽宁省"兴辽英才计划"创新领军人才攀登学者人才项目（XLYC2002044）和国家自然科学基金项目（31870627；31800542；31170597）、中央高校基本科研业务费专项资金项目（2572014AA30）、黑龙江省森工总局项目（SGZJY2010014）的支持，才得以顺利完成，在此深表谢意。此外，黑龙江林业科学研究院邓勋研究员为实验设计倾心奉献，沈阳农业大学祁金玉老师对本研究做出技术性指导，孟凡君、张天泽为本书图表绘制做了大量工作，在此一并表示感谢。

本书系作者多年研究工作的总结，但由于水平所限，难免有疏漏之处，敬请专家和同仁批评指正。

作者
2021 年 4 月

目 录

第1章

绪论

随着我国经济的发展，生态环境也随之遭受了不同程度的破坏。减少相应的碳排放，尽量降低温室效应，增加森林的碳汇是当今林业生产上所面临的巨大课题。如何实现森林碳汇的增加，植树造林是一个必要的手段，而以往我们在营造人工林的时候一味追求森林的数量而忽视森林的质量，这势必会多走弯路，对于人力、物力和财力也是一项不小的浪费。因此，营造高质量的森林，提高森林质量就是今后林业生产的重中之重，而苗木质量正是造林成功与否的关键因素。引入植物根际有益微生物有利于改善苗圃土壤环境，可以有效促进苗木生长、增强苗木抗逆性和预防病害的发生。在自然环境下对造林用苗的生长环境进行人工干预，以期达到从根本上的壮苗目的，不失为一项很好的选择。而菌根菌和其他有益真菌的引入是一个很好的研究方向。

樟子松是我国北方主要的造林树种，造林面积仅次于杨树，在生态建设、环境修复等方面发挥着重要的作用。苗木质量是造林成功与否的关键。当前林业苗圃面临化学农药的过量使用致使病原菌产生抗药性，土传病害发生严重；土壤消毒剂、杀菌剂的频繁使用导致苗圃土壤环境退化、微生物群落遭到破坏；苗木营养条件差、生长势弱，在后续造林及在生态修复中存在成活率低、适应性差等诸多问题。

植物根际微生物是一个十分复杂的微生态系统，外生菌根菌和木霉菌是两类重要的土壤微生物类群，是植物根际促生微生物（PGPM）和生防菌（BCA）的典型代表，与植物的互作中在促进植物的生长、抗逆等方面发挥着重要作用。单一微生物作用有限，以多种有益微生物复合使用，同时发挥促生抗逆和土壤修复功能的复合生物菌剂逐渐取代单一菌剂成为未来生物菌剂研究发展的方向，引入多种植物根际有益微生物在互作模式下发挥多重作用，对苗圃土壤微生物群落和物理化学结构进行改善和修复、促进苗木生长、增强苗木抗逆性、预防病害的发生，并以微生物-植物互作模式在后续造林中对盐碱地、石油开采基地等废弃地实现生物修复，是解决当下苗圃面临的多重问题的有效途径。

本研究拟通过筛选优良的松苗外生菌根菌和高效的生防木霉菌株，研究二者的离体互作效应及室内外对松苗生长、土壤养分吸收、抗逆（水分、盐碱胁迫等）的影响和协同作用机制，通过"樟子松-外生菌根菌-木霉"三位一体的抗逆体系对各类胁迫因子的反应，获得协同增效作用显著的外生菌根菌-木霉复合体并探究其协同增效作用机制，提出复合菌剂的复配工艺和苗木合成技术。

本研究对松树的人工造林和生态修复均具有重要意义。

1.1
外生菌根与外生菌根菌

　　菌根（mycorrhiza）是自然界中普遍存在的一种真菌菌丝与高等植物营养根系形成的共生联合体，是植物在长期的生存过程中与菌根真菌一起共同进化的结果[1]。关于菌根的概念是德国植物生理学家 Frank 于 1885 年首次提出的，他同时还用"mycorrhiza"一词来描述一些树种的菌根，从人们开始研究菌根至今已有 130 多年的历史[2]。根据菌根形态学及解剖学特征的不同，科研工作者将菌根分为外生菌根（ectomycorrhiza）、内生菌根（endomycorrhiza）及内外生菌根（ecto-endomycorrhiza）。其中，外生菌根是比较重要的一类菌根，其在森林生态系统当中具有非常重要的地位；又因为其可以得到纯培养，也是研究较多的菌根种类[3,4]。

　　外生菌根（ectomycorrhiza）是由菌根真菌通过菌丝体包围并侵染树木的吸收根形成，其菌丝体不穿透细胞组织内部，而仅在细胞壁之间延伸生长而形成。其具有不同的颜色，用肉眼容易识别，并且形成外生菌根的菌类多为大型担子菌，因此容易得到菌株的纯培养，这为研究外生菌根带来了极大的便利[5]。除此之外，外生菌根菌在植物吸收根表面，以根外菌丝密集形成一层菌套（mantle）；在根部皮层细胞间隙形成"哈蒂氏网"（Hartignet），即菌根菌菌丝体侵入生长而形成类似网格状的结构。由于菌根菌的作用，植物根部形态和颜色都可以发生变化，在菌套表面可见许多外延菌丝，其作用主要是增大植物根部的吸收面积[6~8]。

　　外生菌根真菌（ectomycorrhizal fungi，ECMF）是指能与寄主植物形成外生菌根的真菌，在自然界中广泛存在，是森林生态系统当中最重要的菌类。在森林生态系统稳定、促进林木生长发育等方面具有重要的生态意义[9,10]。据白淑兰等研究报道，ECMF 约有 90 个属，6000 多种[11]，我国有 850 多种[12]。这些真菌大多属于担子菌门（Basidiomycota），包含的种类较多。另外据 Agerer 报道，子囊菌门（Ascomycota）部分真菌也包含少数 ECMF[13]。

1.1.1
外生菌根的主要作用

外生菌根的主要形成对象，也就是菌根菌的寄主植物，多为针叶高大乔木。其对寄主植物的主要作用可分为以下几个方面。

（1）促进植物的生长及对养分的吸收　外生菌根菌从寄主植物处获得含碳营养物质而生存，同时它会提供氮、磷等营养物质给寄主植物，从而改善土壤结构和寄主植物的生理状态，这是一种典型的互惠共生关系[14,15]。菌根真菌外延菌丝和密集的菌丝网扩大了寄主植物根系的吸收面积，从而增强了寄主植物从土壤中吸收水分和各种矿质营养的能力[16]。有研究报道，菌根真菌在影响寄主植物养分吸收方面研究的重点主要集中在对寄主植物的磷元素吸收方面，特别是在磷缺乏的情况下。相关研究表明，外生菌根菌能分泌有机态磷分解酶，将枯枝落叶和动物残骸中的有机态磷分解吸收并直接传输给树木利用，因为这些磷元素以难溶化合物的形式存在，这些化合物无法被植物体直接吸收利用，故习惯上将这类磷元素称为"不可给态磷"[17,18]。除此之外，菌根真菌对植物磷素循环起着重要作用[19]。薛小平等在无磷、低磷、中磷和高磷四种不同磷浓度下，测定松乳菇［*Lactarius deliciosus*（L.）Fr.］和双色蜡蘑［*Laecaria bicolor*（Maire）Orton］的生物量、酸性磷酸酶分泌速率等相关指标，研究结果表明，中磷浓度时 ECMF 的生长状态最好，无磷、低磷或高磷条件均不同程度抑制 ECMF 的生长，磷缺乏和低磷条件下，ECMF 具有较强的活化作用，高磷条件下活化作用减小，可见外源磷的供应状况可能调节 ECMF 活化土壤无机磷和有机磷，从而有效地利用土壤中的磷，并将其活化输送给寄主植物[20]。

（2）增强植物的抗逆性　植物在自然界生存就会面临各种各样的外界胁迫，自然界中的胁迫泛指一切不利于生物生存的因素，包括生物胁迫（包括病原细菌、真菌、病毒以及捕食性天敌等）和非生物胁迫（高温、低温、干旱、水淹以及盐碱等）。

在森林生态系统当中，尤其是人工林，林木生长的好坏与菌根的作用是分不开的，也就是说菌根菌的侵染是影响林木生长状况的一个主要因素。对于针叶林，ECMF 的作用自然是不容忽视的。大多数 ECMF 具有较强的不良环境耐受能力，有些甚至可以在极端环境中生存，并与相应的寄主植物形成外生菌根，从而提高寄主植物在不良环境中的生存能力，提高寄主植物的存活率，提高植物的生长势，增强寄主植物的抗逆性[21]。闫伟等研究表明，用外生菌根菌株接种虎榛子，可以很好地提高植物组织水势、超氧化物歧化酶（SOD）活性和脯氨酸含量，接种后的菌根苗表现出了良好的耐旱性[22]。许多菌根菌能抵抗极端温度、湿度、pH值、盐碱度和重金属污染的影响[23]。基于此，培养合适的菌根化苗木，对适应逆境造林有着非常重要的意义。

（3）外生菌根的生物修复作用　外生菌根除了在增加植物抗逆抗病能力上作用明显之外，在对污染土壤的生物修复上也具有广阔的应用前景[24]。已有研究表明，以菌根为核心界面而形成的"菌根-根际微生物-植物"系统，一方面可通过共代谢作用提高对污染物的降解和转化能力，减轻土壤污染；另一方面可通过改善植物营养状况来减轻不良环境的胁迫作用，保障植物在受损或污染环境内的生长，显著提高受损和退化生态系统修复重建的成功率、缩短修复周期，并保证修复效果稳定性。目前，外生菌根生物修复的研究内容主要包括外生菌根菌本身对有机污染物、重金属等的耐受力和吸附作用以及外生菌根菌-植物系统对污染土壤环境的适应性和修复作用。外生菌根菌对多种重金属和有机污染物具有耐受性，并表现出一定的吸附和降解能力[25]。选择最佳的菌根菌-植物组合是对污染土壤进行生物修复的关键。研究发现，在重金属镉（Cd）污染的土壤中，接种菌根菌不仅促进寄主油松的生长发育和生物量积累，而且显著降低油松体内的重金属积累浓度，减少重金属由根部向植物茎叶部分的转运[26]。

土壤是一个复杂的微生态系统，ECMF的单一作用有限，利用高等植物与ECMF联用，和土壤有益微生物组成菌根菌-有益微生物-植物的联合吸附体系对已经污染的土壤进行修复研究是今后研究的趋势和方向。植物根际有益微生物的引入过程有利于改良苗圃的土壤环境，它可以有效地促进苗木的生长、增强苗木的抗逆性以及预防病害的发生。

1.1.2
关于菌根的分类鉴定

外生菌根真菌的分类鉴定是菌根研究的一项基础性工作。在初始阶段，人们多以菌根颜色、形态以及菌丝等特征对外生菌根真菌进行分类鉴定，此方法为最基本的方法。1995 年 Agerer 首次尝试总结外生菌根特征，之后的几十年，其最终得出了菌丝和菌套结构可以在不同系统水平上用来区分和辨认外生菌根真菌。目前，已由形态学鉴定转向分子生物学的鉴定[27,28]。虽然菌根的鉴定推进到了分子层面，但仍应以形态学鉴定方法为基本方法，或是主要方法。分子生物学鉴定可以作为辅助手段，但不能过分依赖分子生物学鉴定方法，因为在测序、比对、数据库选择方面均可能出现不同程度的疏漏（数据库当中的序列是否可用等）。在国内，对于植物外生菌根形态学方面的研究相对较少，相关研究主要集中在调查等方面，从形态学和解剖学方面对一些针叶树种的外生菌根进行了比对和分类鉴定[29,30]。由于外生菌根受寄主植物根的状态、土壤条件等诸多外部因素的影响，其颜色往往会发生变化，但一般来说，自然界中外生菌根的颜色是多种多样的，不同外生菌根表面会呈现不同颜色，菌套的质地不尽相同，呈现出颗粒状、网状、絮状等多种形态，外延菌丝、根状菌索的形态结构以及菌核的有无、数量的多少均可作为外生菌根形态学分类的依据[31]。当然，对于这项基础工作，个人还是认为应该形成以形态学为主，分子生物学为辅，田野调查为根本的三位一体菌根分类研究的基本格局。

1.2
木霉菌概述

　　木霉（*Trichoderma* spp.）是广泛存在的土壤习居菌，是土壤中重要的微生物群落。从植物根、叶、种子及球茎表面，植物残体及腐朽木材上均可以分离到。在基于 Whittaker（1969）生物五界系统的 Answorth（1973）菌物分类系统中，木霉属（*Trichoderma* spp.）真菌属于真菌门（Eumycota）、半知菌亚门（Deuteromycotina）、丝孢纲（Hyphomycetes）、丝孢目（Hyphomyceteales）[32]；在基于生物八界系统的菌物分类系统中，被列为无性型真菌（Anomorphic fungi）[33]。木霉菌生长速度较快，菌落颜色有无色、黄色、黄绿色至褐色，菌丝多为基内菌丝，有些可形成气生菌丝。木霉的分生孢子在产孢区或产孢簇中产生，通常在基内菌丝上间生或在营养菌丝侧枝的尖端端生圆形或椭圆形厚壁孢子，孢子无色或呈黄绿色[34~36]。

　　木霉能够产生纤维素酶、半纤维素酶、木聚糖酶、几丁质酶和蛋白酶等，并被广泛地应用于纺织、造纸、食品、卫生饲料、制浆、生物基因工程和环保等领域，是重要工业酶制剂的生产菌。木霉能够通过与植物形成共生关系，促进植物生长发育，诱导并激发植物自身免疫功能。作为植物病害的生物防治菌，木霉与人类社会具有密切的关系，木霉的研究对于人类生活乃至社会发展具有重要意义[37]。

1.2.1
木霉菌对植物病害的生防作用

随着现代林业的发展，林业病虫害的发生也日益普遍，这种现象在人工林当中表现得为突出。以往森林病虫害的防治往往依靠化学农药，化学农药具有周期短、见效快等诸多优势，但随着化学农药的使用，生态环境也遭受到严重的破坏，土地板结、植物药害等负面效应尤为突出。所以，开发具有广谱抗菌的生物农药制剂，受到人们的日益关注，也因此，开发高效、环保的生物源农药成为了当今植物保护领域研究的热点。木霉属真菌作为生物农药资源，适应性广、生存能力强；在防病的同时产生的多种酶能够分解土壤中的植物残体、降解大分子化合物并使植物吸收利用；木霉还能够与土壤中的益菌协调生长并与之产生相互作用，以此保护防治植物病害并促进其生长。目前世界上很多国家已经生产出木霉的商品化生物制剂，用来防治多种植物的病害。木霉菌可寄生 18 个属中的 29 种植物病原菌[38]。现已发现木霉菌能够寄生的植物病原真菌包括丝核菌属（*Rhizoctonia* spp.）、核盘菌属（*Sclerotinia* spp.）、长糯孢属（*Helmisporium* spp.）、镰孢属（*Fusarium* spp.）、轮枝孢属（*Verlicllium* spp.）、内座壳属（*Endothia* spp.）、腐霉属（*Pythium* spp.）、疫霉属（*Phytophthora* spp.）和黑星孢属（*Fusicladium* spp.）等 12 个属[39~43]。木霉菌的生防作用机制主要包括如下几个方面。

（1）**竞争作用**　木霉菌属于腐生性真菌，具有适应性强、生长繁殖快等特点，能够迅速利用营养物质和占领生态位。其竞争方面主要表现在生存空间和营养物质的竞争，占领病原菌的入侵位点而不为病原菌的入侵留有余地。此外，木霉菌能够分泌大量的胞外水解酶类，降解存在于土壤中的纤维素、几丁质等物质，以获得能量并满足自身生长的需要。木霉菌的强适应性还表现在对土壤及环境中有毒物质具有较强的耐受性，使对病原菌有毒害、杀伤作用的化学药剂及次生代谢产物不会对木霉菌本身产生毒害作用，这对利用木霉菌在防治病害方面提高了稳定性及可靠性。木霉菌的生长速度快于一般的土传病原真菌，是空间和营养源的有力竞争者[44]。Sivan等通过实验均证明木霉的生长速度比病原菌快[45~49]。Chet和Inbar研究发现，木霉在饥饿状态下，能够产生大量的含铁细胞来螯合铁离子，在促进自身生长的同时还可有效抑制其他病原真菌的生长[50]。相关研究表明，木霉菌的竞争在尖孢镰刀菌（*Fusarium oxysporum*）引起的苗木立枯病中有重要的防治作用[51~53]。

（2）**重寄生作用**　关于木霉菌的重寄生作用的报道，最早见于1932年，Windling发现木霉菌可以寄生于立枯丝核菌（*Rhizoctonia solani*）、腐霉菌和根霉菌（*Rhizopus* spp.）等植物土传病害的真菌上[54~56]。木霉菌丝沿寄主菌丝生长，或缠绕在寄主菌丝上，或穿入寄主菌丝体内部，吸收营养物质导致寄主死亡。

重寄生被认为是木霉菌进行生物防治的一种重要作用机制，在木霉菌与病原微生物在互相作用的过程中，寄主微生物分泌物使木霉菌趋向寄主病原微生物生长，一旦病原微生物寄主被木霉菌所识别，它们之间就会建立寄生关系[57]。木霉菌和寄主病原微生物识别后，木霉菌丝沿寄主菌丝平行生长和螺旋状缠绕生长，并产生附着胞吸附于寄主菌丝上，通过分泌胞外酶溶解细胞壁，穿透寄主菌丝，吸取营养。

很多研究表明，木霉菌对病原菌表面识别主要是靠病原菌丝表面的特定外源凝集素[58,59]，它们决定了木霉菌与寄生真菌细胞之间的专化关系。木霉菌分泌并释放几丁质酶和葡聚糖酶，水解寄主细胞壁，从溶解位点进入并与之建立寄生关系。在这些酶中，几丁质酶和葡聚糖酶被认为是影响生防真菌重寄生能力的因子。其中 β-1,3-葡聚糖酶直接参与哈茨木霉菌（*T. harzianum*）与其寄主真菌间的重寄生作用[60,61]。它们水解寄主菌丝体细胞壁，并参与重寄生作用。最近的研究表明，蛋白酶papA在木霉菌的重寄生和与植物的共生作用中发挥重要作用[62,63]。Sanz等从棘孢木霉（*T. asperellum*）菌株T32中克隆出1个胞外 α-1,3-葡聚糖酶基因，其在转录水平对草莓灰葡萄孢菌（*Botrytis cinerea*）有抑制作用[64]。其后，不断有关于各种木霉菌寄生于一些植物病原真菌的报道。

（3）**杀伤作用**　所谓杀伤作用就是指木霉菌可以在不接触寄生菌丝的条件下引起它们的解体。究其原因无外乎木霉菌可以向胞外分泌产生某些非挥发

绿木霉和樟子松
外生菌根互作研究

性的次生代谢产物，用以杀伤病原菌。相关研究表明，哈茨木霉能够产生 β-1，3-葡聚糖酶和几丁质酶，从而引起病原菌丝体的解体[65]。Rodrigue-Kabana 等发现了木素木酶蛋白酶对白绢病菌（*Sclerotium rolfsii*）酶活性的破坏作用[66]。Geremia 等证实哈茨木霉蛋白酶的诱导作用可以在 RNA 的水平上进行检测[67]。Haran 等将木霉菌蛋白酶基因多拷贝整合到上述木霉菌株中，使其防治立枯丝核菌的能力显著提高[68]。

（4）诱导抗性　木霉菌在与寄主根系相互作用的过程中，可以激活植物体内的防御系统并促使其合成植保素、黄酮、萜类、糖苷等物质用来抵御致病菌的侵染，从而提高植物对病害的抗性水平。该诱导抗性类似于植物的免疫反应（HR）、系统获得抗性（SAR）或诱导系统抗病性（ISR）。Olson 和 Benson 发现，钩状木霉（*T. hamatum*）能诱导天竺葵对灰霉病的系统抗性[69]。Yedidia 等发现，哈茨木霉可以提高植株过氧化物酶活性[70]。Hanson 和 Howell 发现，黏绿木霉（*T. glaucum*）的丝氨酸蛋白能够刺激棉花胚根合成萜类物质并合成过氧化物酶[71]。Howell 等研究发现，绿色木霉（*T. viride*）能够诱导棉花根系过氧化物酶活性及萜类化合物含量升高，并提高棉花的抗病能力[72]。除活菌外，木霉代谢产物或其基因表达产物同样能诱导植物合成植保素、植物抗性蛋白等抑菌物质，并最终增强植物对病菌的抗性水平。此外，某些木霉菌株还具有提高苗木的出苗率和刺激植物生长的作用[73]。

1.2.2
木霉菌对植物的促生作用

木霉菌株产生促进植物生长的次生代谢产物，形成"生物肥料"效应。研究表明，绿色木霉产生的细胞分裂素类似物如激动素可促进植物生长[74]，所产生的吲哚乙酸可以提高拟南芥鲜重的 62%[75]。木霉代谢产物还具有显著的抑菌作用。Vinale 提纯哈茨木霉 T22、T39 和 A6 以及深绿木霉（*T. atroviride*）P1 产生 6 种主要次生代谢产物，其中哈茨木霉产生的类植物生长素 6PP（6-*n*-pentyl-6*H*-pyran-2-one）和 harzianolide 可以显著促进豌豆、番茄的生长，部分代谢产物同时兼具抑制病原菌和促进植物生长的双重作用[76]。除激素类外，木霉菌还可产生多种有机酸如葡糖酸、柠檬酸、延胡索酸等来降低土壤 pH，以提高植物对磷、微量元素和金属离子如铁离子、镁离子和锰离子的溶解和吸收[77]。

1.3
根际有益微生物间的互作

随着现代农林业的发展，减少化学药剂的使用势在必行，以多种有益微生物复合使用同时发挥对植物促生抗逆和土壤修复功能的复合生物菌剂逐渐取代单一菌剂成为未来生物菌剂研究发展的方向，使根际微生物的互作机制及对植物的影响成为当前根际微生物研究的热点。根际有益微生物间的互作机制包括共生、拮抗、竞争，对植物的作用主要表现为协同增效、相互的功能抑制等。

有益微生物的共同使用相对单一使用会对植物表现出更强的促生作用和抗病能力。不同的微生物间互作产生的效果不同。Kohler 通过单一接种和复合接种评价了内生菌根菌根内球囊霉（*Glomus intraradices*）、植物促生菌枯草芽孢杆菌（*Bacillus subtilis*）和黑曲霉（*Aspergillus niger*）对莴苣的作用，单一接种均可以提高莴苣的生物量和抗病能力，复合接种表现出协同增效作用的是根内球囊霉和枯草芽孢杆菌，同单一接种相比，生物量增加了 77%[78]。Raimam 对水稻接种固氮菌和内生真菌，二者之间的协同增效作用极大地促进了水稻的生长。微生物间的互作对菌根的形成影响作用明显[79]。Brule 研究发现，只有在菌根菌成功侵染花旗松（*Pseudotsuga menziesii*）后，花旗松才对菌根菌的促生表现出协同增效作用[80]。

不是所有的微生物间互作都可产生协同增效作用。截至目前，研究发现与菌根真菌具有协同作用的植物根际促生菌（PGPR）大部分是假单胞菌属（*Pseudomonas* spp.）和芽孢杆菌属（*Bacillus* spp.）的细菌[81]。Chandanie 通过接种黄瓜评估了植物促生真菌茎点霉属（*Phoma* spp.）和简青霉（*Penicillium simplicissimum*）与菌根菌摩西球囊霉（*Glomus mosseae*）的互作机制[82]。茎点霉属（*Phoma* spp.）的根际定殖和对病害的防治能力在摩西球囊霉的影响下均明显下降，而简青霉和摩西球囊霉互作后，对诱导植物产生抗病蛋白的能力得到提升。在根内球囊霉（*Glomus intraradices*）和哈茨木霉对黄瓜的共接种试验中，同单独接种哈茨木霉相比，哈茨木霉的定殖率降低，黄瓜茎叶的干重也有所下降[83]。因此，为更好地发挥植物有益真菌的协同增效作用，必须对二者之间的互作效应进行评估，找到合理的有益真菌搭配组合，在植物的促生、抗逆和生物修复上充分地发挥作用。

绿木霉和樟子松
外生菌根互作研究

外生菌根菌和木霉菌是两类重要的土壤微生物类群，是植物根际促生微生物和生防菌的典型代表，有关二者之间是否存在协同互作，二者之间的互作能否在促进植物生长抗逆和生态修复方面发挥协同增效作用的研究尚未见报道。因此，本文的研究内容在这一方面也是一个创新点，就是"基于促生作用木霉的角色转变"。在以往的研究当中，木霉都是以生防菌的角色出现，本研究中，木霉的角色则是外生菌根菌的一个协作或者说一个诱导因子，以此来探究二者是否存在对植物有益的"协同增效"作用。

1.4

樟子松概述

樟子松（*Pinus sylvestris* var. *mongolica* Litv.）是我国北方主要的造林树种，是欧洲赤松（*Pinus sylvestris*）在蒙古地区的一个变种。其天然分布主要在内蒙古红花尔基的沙丘地带及大兴安岭阳坡的山地，天然樟子松林有大兴安岭的山地樟子松林和呼伦贝尔草原上的沙地樟子松林[84]。樟子松属于高大常绿乔木，通常树高为 15～20m，最高可达 30m，最大胸径 1m 左右。樟子松树形优美，其树冠卵形至广卵形，四季常青，多用于庭院观赏和街道绿化树种，经济价值较大，速生、材质优，为建筑、家具等多种用途的优质木材，为我国"三北"地区主要用材优良树种之一。

樟子松的引种工作开始于 20 世纪 40 年代的吉林长春的净月潭，而真正意义上的引种成功则是 20 世纪 50 年代由辽宁省固沙造林研究所主持的辽宁省章古台地区引种，该地区的樟子松人工固沙林的营造，标志着樟子松的人工引种成功。樟子松的成功引种，对解决我国西部干旱与半干旱地区乔木造林相对困难的问题，对"三北"地区的水土保持、荒漠化防治以及生态恢复起到了非常积极而且有效的作用，并产生了良好的经济效益、生态效益和社会效益。但在引种的过程当中，种源地与引种地的气候与纬度差异，不同种源地之间日照、积温与生长季长短的差异等各种不同因素的影响使得樟子松在引种过程中出现了成林后不同程度的衰退现象，即樟子松人工固沙林针叶变黄，进而全树枯死，松枯梢病与松沫蝉频发。因此被称为"森林衰退病"。长此以往，若没有很好的解决办法，势必会陷入"树势弱-病虫害频发-树势更弱-病虫害更频发"

的恶性循环。这是樟子松引种造林过程中遇到的关键性问题。关于如何解决樟子松林的衰退问题,目前尚没有很好的办法,笔者在本文的相关研究当中,试图用引入根际有益微生物的联合施用办法,构建一个全新的苗木栽植模式,即一个全新的苗木抗逆体系,从而达到樟子松壮苗的目的,尝试在造林的根本上增强树木的生长势以及抗逆境胁迫能力来达到缓解其衰退的步伐。

1.5
土壤盐碱化的影响与其生物改良

盐碱土,也称盐渍土,主要包括由自然或人为因素导致的各类盐(化)土或碱(化)土。盐土一般是指含有大量可溶性中性盐(如 NaCl 和 Na_2SO_4),对植物的生长能够产生一定的不良影响。一般情况下,当土壤所含的中性盐含量达到一定程度时(一般认为 0.2%)就可以被称为是盐化土壤,从而对部分不耐盐的作物产生不良的影响,主要是影响其正常生长,并使其产量降低。盐土可分为多种类型,包括滨海盐土、草甸盐土和碱化盐土等。碱土的一个主要特征就是所含的碱性盐比较多(如 Na_2CO_3 和 $NaHCO_3$),如果碱土中以 Na_2CO_3 和 $NaHCO_3$ 这两种盐为主,那么该碱土所形成的盐碱地一般被称为苏打型盐碱地。由于盐碱土当中的钠离子含量较高,一般情况下 pH 不小于 8,属于一种偏碱性土壤。主要分布在干旱和半干旱气候带。世界上许多国家和地区的土壤都存在着盐碱化的风险。其中,我国是受盐碱化影响比较严重的国家之一,尤其在干旱和半干旱地区,不合理的水资源开发和落后的灌溉方式在一定程度上加重了土壤的盐碱化程度[85]。随着气候的变暖和人类社会的活动,世界上的很多国家,尤其是处于中低纬度的国家和地区的土壤盐碱化仍然会进一步地加重[86]。当然,土壤的盐碱化主要是自然形成的结果,但随着人类活动的影响,土壤盐碱化的步伐在日益加快,环境恶化、土壤板结、温室气体过度排放,这些生态环境的负面问题与我们人类的活动是息息相关的。

1.5.1
土壤盐碱化对植物的影响

在长期的进化过程中，植物发展出了一系列应对逆境胁迫的策略，能够对一定的逆境胁迫产生适应性响应机制，这是生物同外界环境相互斗争所产生的自然选择结果[87]。然而较重的逆境胁迫（如较高浓度的盐碱）会对植物的生长发育产生不可恢复的伤害。盐碱土含盐量高，会对生长在盐碱土上的植物生长发育产生胁迫和伤害[88,89]。这样的伤害不仅体现在对植物的生长方面发生抑制，影响植物的形态建成，而且会在细胞生理和基因转录与表达层面对植物的物质代谢和养分的吸收产生一系列的不利影响。一般来说，植物本身的耐受性大小、盐碱胁迫环境的强弱程度及胁迫时间的长短都会影响植物最终的受害程度。在盐分胁迫下，植物自身会通过一系列的生理生化反应来尽量减小来自高盐分的伤害，与周围的胁迫环境达到一定的平衡状态而存活下来[90]。在高盐分给植物带来的各种伤害方面，渗透胁迫是一个主要方面。植物如果长期生长在高渗环境当中，就会出现细胞失水、叶片枯黄、植株萎蔫等生理性干旱症状。那么，植物为了应对渗透胁迫所带来的伤害，会尽量通过合成一些渗透调节物质来增加自身的渗透水势，主要包括脯氨酸、可溶性糖和可溶性蛋白等。当然，合成这些物质会消耗植物更多的能量与三磷酸腺苷（ATP）[91,92]。通过上述途径，植物会尽量保持与外界高盐环境达到一种渗透水势的平衡，确保植物能够顺利从逆境环境中吸取更多的水和其他养分来维持自身的生长发育。然而，上面提到过，由于合成相关渗透调节物质势必会消耗大量的能量和ATP，那么植物用于营养生长的能量必然减少，导致植株矮小，生长发育受到抑制。但是这也是一种迫不得已的生存选择策略，是生物为了渡过难关而选择的自我保护本能。目前，关于盐分影响植物生长的机理研究主要集中在以下两个方面[93~95]：①土壤较低的水势使得植物叶片水势和气孔导度降低，植物光合作用受到抑制，从而严重影响了植物细胞内多种生理生化反应的正常进行，进而影响植物的生长；②影响植物体内多种酶的正常合成与代谢分解，进而影响植物多种生理功能。

1.5.2
盐碱化土地的生物改良

据不完全统计，全球有各种盐碱土约为 $1.0 \times 10^{10} \, hm^2$，且每年以（$1.0 \sim$ 1.5）$\times 10^6 \, hm^2$ 的速度增长，这些盐碱土广泛分布于世界上的 100 多个国家和地区[96]。我国盐碱土地面积总额约为 $9.9 \times 10^7 \, hm^2$，并且还存在约有 $1.7 \times 10^3 \, hm^2$ 的潜在盐碱土[97]。盐碱土在中国的分布很广，主要分布在东北、华北和西北的"三北"地区以及长江以北沿海地带[98]。盐碱土的治理与改良是我国目前生态建设与实现全面协调可持续发展的当务之急，同时也是 21 世纪人类无法回避的环境问题[99,100]。在以往的盐碱土改良研究当中，多数情况下还是依赖于物理改良法，即灌水稀释。这样做的缺点就是资源浪费和经济成本过高，因此很难进行大规模推广。用生物措施改良盐碱化土壤，方法简便易行，经济效益显著，又具有持久性，因此应该成为今后盐碱土改良研究的新方向。生物修复可以逐渐改变土壤的物理和化学性质，使土壤结构发生变化，质地变得疏松，透气和贮水能力增强。王玉珍研究了 6 种植物对土壤进行改良的作用，结果表明，生长 3 年后，土壤有机物和氮磷钾等营养元素均有明显地增加[101~103]。植物改良土壤盐碱化的过程中，植物可以对地表进行覆盖，从而可以减少地表水分蒸发，降低盐分在地表的积累程度。与此同时由于植物的覆盖，削弱了土壤碱度，从而降低了 pH 值[104]。植物对盐渍土进行有效改良的过程中，还表现在对盐渍土土壤的有益微生物数量种群的增加，对土壤微生态有着很大的影响。选择适合的植物，如根系发达、易繁殖的植物，不但可以降低盐渍土盐分含量，还可以有效改良植物根际土壤的微生态，使得植物根际细菌、真菌和放线菌等有益微生物的种群数量增加[105]，使遭到盐碱破坏的微生态环境逐渐得到恢复。

第 **2** 章

樟子松高效外生菌根菌的筛选

2.1
试验菌株

试验用菌株见表 2-1。

表 2-1　试验用菌株

菌株名称	拉丁学名	菌株编号	采集地点
黏柄丝膜菌	*Cortinarius collinitus*	N025	黑龙江五营
点柄乳牛肝菌	*Suillus granulatus*	N035	黑龙江五营
褐环乳牛肝菌	*Suillus luteus*	N94	辽宁章古台
厚环乳牛肝菌	*Suillus grevillei*	N40	黑龙江带岭
污黄黏盖牛肝菌	*Suillus sibiricus*	N69	黑龙江带岭
疣柄铦囊蘑	*Melanoleuca verrucipes*	N55	黑龙江带岭

2.2
前期准备工作

（1）**种子处理**　将供试种子用 0.5% 高锰酸钾消毒 30min，清水冲洗数次后，用灭菌湿纱布包裹保湿，置于 25℃人工气候箱中催芽，每天早晚用无菌水各冲洗一次，直至出芽。

（2）**无菌土制备与播种**　将草炭土、蛭石和河沙按 2∶1∶1 的体积比配制混合土，置高温高压灭菌器中 121℃下灭菌 2h，装入营养钵（直径 15cm，高 13cm）中。在 4 月中下旬将经催芽的樟子松种子播入营养钵中，每钵 30 颗种子，上覆 2cm 厚无菌土，浇透水后放入大棚中培养，待幼苗出土后，定苗至每钵 10 株左右。进行常规的日常管护。

（3）**菌剂制备**　用直径 5mm 的无菌打孔器，切取在马铃薯葡萄糖琼脂（PDA）平板培养基上培养好的外生菌根菌菌饼，分别接种于盛有 250mL 马铃薯葡萄糖（PD）液体培养基的三角瓶（500mL）中，每瓶接种 3 片菌饼。置于摇床上（25℃、150r/min）振荡培养 30d，得到液体菌剂，使用前用搅碎机将菌丝体搅碎做匀浆处理。

（4）接种处理及相关指标测定　在出苗 1 个月后，进行接种处理。采取打孔灌根接种的方式，在出苗 30d 左右进行接种。每盆接种 50mL，每个处理 5 次重复，以接种无菌 PD 培养液为对照（CK）。接种生长 3 个月后，此时苗木高生长已经基本结束。每处理随机挖取 30 株樟子松苗木，进行菌根合成情况调查和测定苗木的苗高、地径和鲜重，然后放入 105℃的烘箱中，烘干至恒重，称量苗木的干重。

2.3
筛选分析

2.3.1
外生菌根侵染情况

各菌株外生菌根合成情况如表 2-2 所示，除疣柄铦囊蘑（*Melanoleuca verrucipes*）N55 以外，其他各菌株均能与樟子松形成外生菌根。其中，褐环乳牛肝菌 N94 和厚环乳牛肝菌 N40 的菌根合成率最高，均达到 65％以上，说明这两种菌对于樟子松有良好的契合度，N025、N035 和 N69 虽然与樟子松形成了菌根，但菌根合成率不高，原因可能是契合度不高或其他一些原因。由于 N55 未与樟子松合成菌根，故此菌在后文当中不再讨论。

表 2-2　各菌株外生菌根合成情况

菌株编号	菌根合成情况
N025（*Cortinarius collinitus*）	＋
N035（*Suillus granulatus*）	＋＋
N94（*Suillus luteus*）	＋＋＋
N40（*Suillus grevillei*）	＋＋＋
N69（*Suillus sibiricus*）	＋＋
N55（*Melanoleuca verrucipes*）	－

注：＋＋＋表示菌根合成率＞65％；＋＋表示 50％～65％；＋表示 30％～50％；－表示无菌根。

2.3.2
接种菌根菌对樟子松苗木生长的影响

（1）对苗高和地径的影响　接菌后各处理组苗高均高于 CK（图 2-1）。其中 N94 处理组苗高达到 13.4cm，其次是 N69 和 N40 处理组，苗高分别为 12.7cm 和 12.0cm。在地径方面，如图 2-2 所示，接菌后各处理组苗木的地径均高于 CK。其中 N94 和 N40 处理组的地径最高，分别为 0.12cm 和 0.13cm。就苗高和地径两个指标来看，一般大田当中的一年生实生苗根据地域的不同，苗高也会存在明显的差异，在辽宁章古台地区，一年生实生樟子松苗的苗高一般为 8～12cm，而在黑龙江略低。由于苗木是在大棚当中培养的（见图 2-3），外部环境相对稳定，比较利于苗木的生长，因此可能存在一定的徒长现象。但由于处理条件相同，该数据基本可以说明问题。

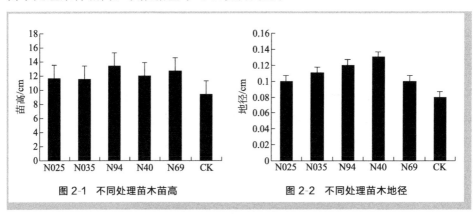

图 2-1　不同处理苗木苗高　　　　图 2-2　不同处理苗木地径

图 2-3　苗木的生长状态

（2）对苗木生物量的影响　各处理组，无论是鲜重还是干重指标均高于CK（图2-4和图2-5）。在鲜重方面，N94和N40处理组鲜重最高，分别为0.39g和0.36g。其余各组与CK相比也有不同程度的提高。在干重方面，N035和N94处理组的干重与CK相比提高最为显著，均为0.13g。各处理组苗木含水量均大于60%，说明苗木生长状况良好。从生物量的角度分析，苗木干物质的积累是评价一株苗木健康与否的重要指标。本研究当中，N40处理组苗木含水量达到72%，干物质积累低于N94处理组（该组为66%），说明各组苗木确实存在一定的徒长现象，但大棚环境相对稳定，在大田当中应该不会出现该现象，关于相关大田试验，本文后续还会讨论，在此不作赘述。

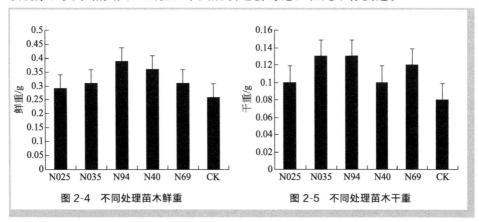

图2-4　不同处理苗木鲜重　　　　　　图2-5　不同处理苗木干重

2.4
本章小结

通过对采集到的6种菌株对樟子松一年生苗木进行接种试验，从苗木生长的角度初步对樟子松高效外生菌根菌进行筛选。除疣柄钴囊蘑（*M.verrucipes*）N55外，其他菌株均能与樟子松苗木形成外生菌根。其中褐环乳牛肝菌（*S.luteus*）N94和厚环乳牛肝菌（*S.grevillei*）N40在促进樟子松苗木生长方面效果最为理想，应为樟子松苗木的高效外生菌根菌。但笔者综合比较了生长指标，同时出于对工作量的考虑，选择褐环乳牛肝菌（*S.luteus*）N94进行后续研究。

第3章
外生菌根菌对樟子松的接种效应

褐环乳牛肝菌（*S. luteus*）分离自辽宁省阜新市章古台实验林场樟子松林下，该地区属半干旱区，年降水量 450～550mm，年蒸发量 1200～1450mm，年均温 5.7℃，平均最高温 35.2℃，平均最低温－29.5℃，土壤为风沙土。现保存于沈阳农业大学林学院林木病理研究室。樟子松种子由辽宁省固沙造林研究所惠赠。

3.1
外生菌根对樟子松耐旱性的影响

3.1.1
前期准备工作

（1）种子处理　将供试种子用 0.5％高锰酸钾消毒 30min，清水冲洗数次后，用灭菌湿纱布包裹保湿，置于 25℃人工气候箱中催芽，每天早晚用无菌水各冲洗一次，直至出芽。

（2）无菌土制备与播种　将草炭土、蛭石和河沙按 2∶1∶1 的体积比配制混合土，置高温高压灭菌器中 121℃下灭菌 2h，装入营养钵（直径 15cm，高 13cm）中。在 4 月中下旬将经催芽的樟子松种子播入营养钵中，每钵 30 颗种子，上覆 2cm 厚无菌土，浇透水后放入大棚中培养，待幼苗出土后，定苗至每钵 10 株左右。进行常规的日常管护。

（3）菌剂制备　用直径 5mm 的无菌打孔器，切取在 PDA 平板培养基上培养好的外生菌根菌菌饼，分别接种于盛有 250mL PD 液体培养基的三角瓶（500mL）中，每瓶接种 3 片菌饼。置于摇床上（25℃、150r/min）振荡培养 30d，得到液体菌剂，使用前用搅碎机将菌丝体搅碎做匀浆处理。

（4）实验设计　设置四个处理：①正常浇水，接菌处理（W＋S）；②正常浇水，不接菌（W－S）；③干旱胁迫，接菌处理（D＋S）；④干旱胁迫，不接菌（D－S）。采用称重方法：充分浇水，田间相对持水量为 75％～80％；干旱胁迫，田间相对持水量为 35％～40％。接种方法采用打孔灌根法，将 50mL 的真菌悬浮培养液转移到种植孔中，未接菌的处理组接种等量的灭菌培养基。在上述温室条件下，所有处理都随机摆放，并进行正常管理。

绿木霉和樟子松
外生菌根互作研究

（5）**相关指标测定** 苗木在接种后 3 个月进行采样分析。在不损害根系的情况下进行，仔细地清洗根系并清除根际土壤。每个处理随机选择 30 株幼苗。用直尺测量每个苗木的株高，用游标卡尺测量地径，用电子分析天平测量苗木的生物量。生物量按鲜重和干重计算。在用电子分析天平测定苗木干重后，将苗木转移至 85℃ 烘箱中 5h，60℃ 保持至恒重。

① 菌根侵染率测定 随机选取 20 段苗木根段，切成 1cm 的小段。用显微镜观察菌根侵染率。结果取平均数。

$$菌根侵染率（\%）＝（菌根幼苗/总幼苗数）\times 100\%$$

② 光合色素的含量 采用丙酮研磨法测定。取新鲜针叶 0.5g，在 10mL 丙酮中研磨，10000r/min 离心 5min，取上清，在 663nm 和 645nm 处记录吸光度。实验重复三次。

③ 可溶性蛋白的含量 以考马斯亮蓝（CBB）G-250 法进行测定。将 100mg 考马斯亮蓝 G-250，加入到 50mL 95% 乙醇中混合至溶解。将 100mL 15mol/L 的 H_3PO_4 加入到 500mL 的蒸馏水中，混合均匀。准确称取根、茎、叶各 0.5g，在 10mL 蒸馏水中研磨，在 10000r/min 条件下，离心 5min，取上清 1mL，加入 5mL CBB 试剂拌匀。取混合液 1mL，在 595nm 处记录吸光度。

④ 可溶性糖的含量 采用蒽酮比色法。准确称取根、茎、叶各 100mg，在 3mL 80% 乙醇中研磨成匀浆，超声提取 30min。离心（6000g，25℃，10min）取上清。上清液稀释 10 倍后，取 1mL，加入 2mL 蒽酮试剂，在沸水中加热 7min。待混合物冷却至室温后，用分光光度计测定其在 620nm 处的吸光度。

⑤ CAT 和 POD 准确称取樟子松针叶、根、茎各 0.1g，液氮研磨，按质量体积比加入 pH7.0 的 50mmol/L 冷磷酸缓冲液 10mL，4℃、10000r/min 低温离心 20min，上清液即为酶液。CAT 和 POD 采用南京建成 CAT 和 POD 测定试剂盒测定。

⑥ SOD 准确称取樟子松针叶、根、茎各 0.1g，液氮研磨，按质量体积比加入 pH7.8 的 50mmol/L 冷磷酸缓冲液 10mL，4℃、10000r/min 低温离心 20min，上清液即为酶液。SOD 采用南京建成 SOD 测定试剂盒测定。

⑦ MDA 含量测定 将 0.2g 的根、茎和叶新鲜组织置于含有 1mL 蒸馏水的试管中。加入 1mL 的 29mmol/L 醋酸溶液后，将样品放入水浴中，在 95～100℃ 加热 1h。待样品在自来水下冷却后，加入 25mL 5mol/L HCl 和 3.5mL 正丁醇搅拌，静置 5min。离心（10000r/min）5min 后，分离有机相，用分光

光度计测定其在 525nm 和 547nm 处的吸光度。

⑧ 游离脯氨酸含量测定　准确称取樟子松针叶、根、茎各 0.5g 放入试管中，加入 5.0mL 的 3％磺基水杨酸溶液，将试管浸入沸水浴中提取 15min，过滤，吸取滤液 2.0mL 于试管内，每个处理 3 次重复。采用水合茚三酮比色法测定。

（6）数据统计　采用 SPSS 13.0 软件对不同处理组的苗高、地径、生物量、生理指标和酶活性进行单因素方差分析（$P=0.05$）。

3.1.2
结果与分析

（1）外生菌根侵染率　本研究中，无论是干旱还是非干旱处理，菌根菌侵染率均达到 65％以上(图 3-1)。说明褐环乳牛肝菌与樟子松具有较好的契合度。

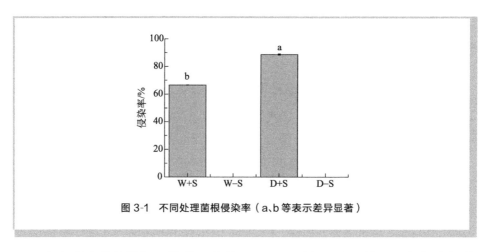

图 3-1　不同处理菌根侵染率（a、b 等表示差异显著）

（2）苗木生长指标　接种 3 个月后，通过测定 4 个植株生长指标来评价 ECMF 和干旱胁迫对樟子松苗木生长的影响（图 3-2）。与对照（不接种菌根菌）相比，接种处理组幼苗（W＋S 和 D＋S）苗高和地径的增加幅度最大。在水分充足的条件下，W＋S 的苗比 W－S 高 26.3％。两组相比具有显著性差异（$P \leqslant 0.05$）。在干旱胁迫下，接菌处理（D＋S）的苗比不接菌（D－S）的植株苗木高 22.4％。两种处理间差异不显著（$P > 0.05$），但无论在干旱还是水分充足的条件下，菌根苗的生长均高于非菌根苗。接菌的苗木生物量也有相似的结果。正常水分和干旱胁迫条件下，接菌处理组的鲜重分别比不浇水的高

27.8%和27.3%，两种处理间差异显著（$P \leqslant 0.05$）。正常水分和干旱胁迫下，接菌处理组干重分别比不浇水处理高36.4%和33.3%，且各组具有显著性差异（$P \leqslant 0.05$）。

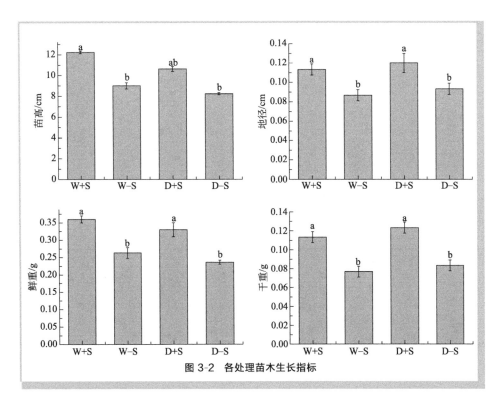

图3-2　各处理苗木生长指标

（3）**苗木光合色素含量**　与不接褐环乳牛肝菌的幼苗相比，接种处理的幼苗的叶绿素 a 和叶绿素 b 的增加较明显（图3-3）。在水分充足的条件下，叶绿素 a 和叶绿素 b 的含量分别比未处理的高52.2%和27.6%。同样，在干旱胁迫下，接和处理的幼苗叶绿素 a 和叶绿素 a＋叶绿素 b 的增加量最高，分别比不接和处理的幼苗高61.6%和37.7%。各组间比较有显著性差异（$P \leqslant 0.05$）。

（4）**苗木抗氧化酶活性**　本研究中，通过测定 CAT、POD 和 SOD 的活性来评价菌根的接种对苗木抗氧化酶活性的影响（图3-4）。在水分充足的条件下，接菌的苗木表现出最高的 CAT 酶活性，在干旱胁迫下 POD 酶活性最高。干旱胁迫下，茎和叶中 POD 活性在有菌根和无菌根处理间差异显著（$P \leqslant 0.05$）。干旱胁迫下，茎中 POD 活性比未接菌的高40%。干旱胁迫下针叶中的 POD 活性提高了35.7%。在干旱胁迫下，除茎部外，接菌的苗木在干旱胁迫下表现出较高的 SOD 活性。D＋S 处理根系 SOD 活性比 W＋S 处理高 46.7％，两种处理间差异显著（$P \leqslant 0.05$）。

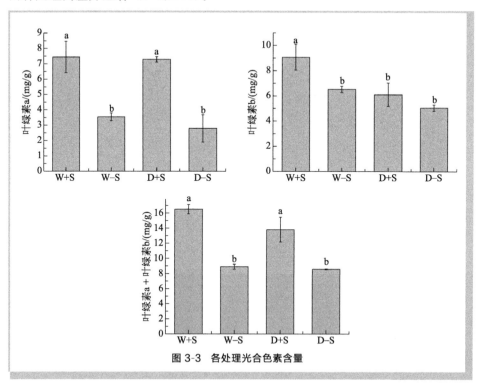

图 3-3　各处理光合色素含量

（5）苗木渗透调节物质含量　在水分充足的条件下，根系可溶性蛋白质含量的增加幅度最大。苗木对干旱胁迫的反应首先是茎叶可溶性蛋白含量增加。D＋S 处理茎叶可溶性蛋白含量比 D－S 处理高 5.7％和 4.9％，但两种处理间差异不显著（$P > 0.05$）。可溶性糖含量的变化主要表现在根和茎中（图 3-5），其功能与可溶性蛋白相同。干旱胁迫下叶片中可溶性糖含量增加。

在本研究中，接菌处理的 MDA 水平低于未接菌的处理。根中 D＋S 处理比 D－S 处理低 13.5％。D＋S 处理与 D－S 处理的根系差异显著（$P \leqslant 0.05$）。这表明，在干旱胁迫条件下，由于根系是受干旱胁迫影响最早的区域，因此菌根能够降低根系中 MDA 的含量。在干旱胁迫下，针叶中 MDA 含量也显示出了类似的结果。D＋S 处理叶片 MDA 含量最低。

干旱处理一个月后，游离脯氨酸水平开始升高（图 3-5）。在针叶中，未接菌的苗木在干旱胁迫下达到了 $301\mu g/g$ 的最大值，而接菌处理的幼苗在同一时期达到了 $286\mu g/g$ 的最大值。两组间差异无显著性（$P > 0.05$）。

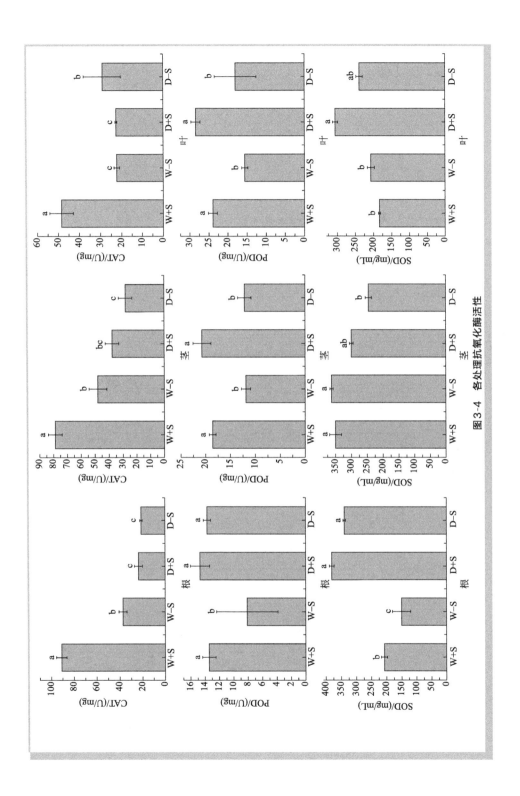

图3-4 各处理抗氧化酶活性

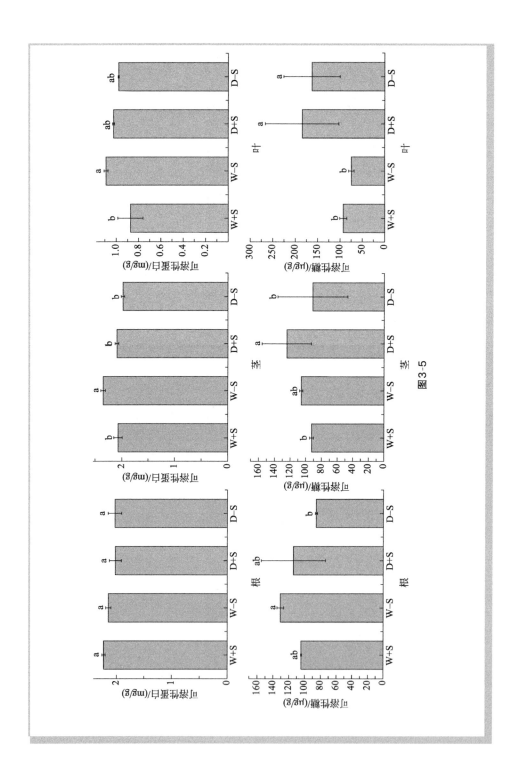

图3-5

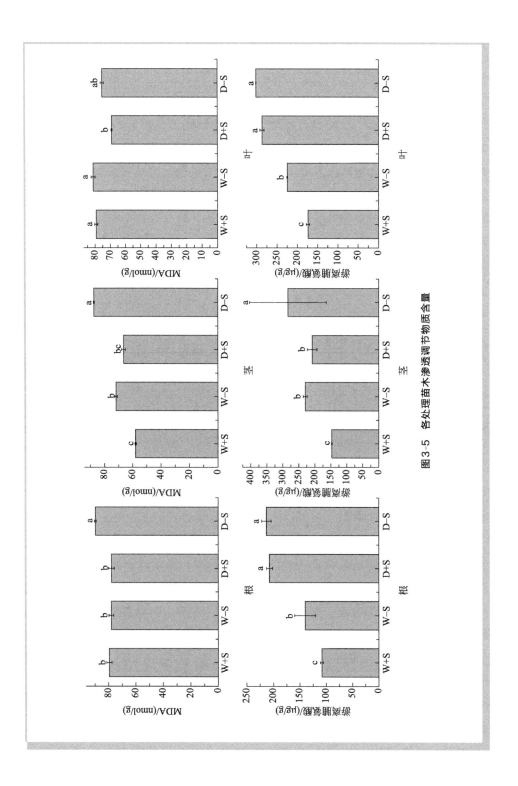

图3-5 各处理苗木渗透调节物质含量

3.1.3
小结

本研究表明，樟子松的根与褐环乳牛肝菌形成了良好的共生关系。D+S处理的侵染率高于 W+S 处理，但两种处理间无显著差异。这可能是由于幼苗在干旱胁迫下养分含量减少，增加了菌根侵染的机会。通过对接种及干旱处理后苗木生长和生理指标测定，可以肯定，接种外生菌根菌对樟子松的耐旱性具有显著的影响。这种影响可以通过樟子松的生长、抗氧化酶活性、细胞内渗透调节物质的变化来实现。

3.2
外生菌根对樟子松耐盐碱的影响

3.2.1
前期准备工作

（1）**种子处理** 将供试种子用 0.5% 高锰酸钾消毒 30min，清水冲洗数次后，用灭菌湿纱布包裹保湿，置于 25℃人工气候箱中催芽，每天早晚用无菌水各冲洗一次，直至出芽。

（2）**无菌土制备与播种** 将草炭土、蛭石和河沙按 2∶1∶1 的体积比配制混合土，置高温高压灭菌器中 121℃下灭菌 2h，装入营养钵（直径 15cm，高 13cm）中。在 4 月中下旬将经催芽的樟子松种子播入营养钵中，每钵 30 颗种子，上覆 2cm 厚无菌土，浇透水后放入大棚中培养，待幼苗出土后，定苗至每钵 10 株左右。进行常规的日常管护。

（3）**菌剂制备** 用直径 5mm 的无菌打孔器，切取在 PDA 平板培养基上培养好的外生菌根菌菌饼，分别接种于盛有 250mL PD 液体培养基的三角瓶（500mL）中，每瓶接种 3 片菌饼。置于摇床上（25℃、150r/min）振荡培养 30d，得到液体菌剂，使用前用搅碎机将菌丝体搅碎做匀浆处理。

（4）**实验设计** 本研究采用随机区组设计，具体包括：①菌根接种

（+ECMF）和未接种对照组（-ECMF）；②盐胁迫处理（10mmol/L 和 20mmol/L Na₂SO₄）和碱胁迫处理（10mmol/L 和 20mmol/L NaHCO₃）。每个处理 3 盆，每盆定苗 15 株。

（5）菌根接种和盐碱胁迫处理 每盆接种 100mL 的菌剂和 100mL 灭菌的培养基作为未接种处理。菌剂在播种后 90d 进行，采用打孔灌根的方法。盐碱胁迫采用和接种相似的方法，进行溶液浇灌，浇灌量与菌剂相同。对照苗浇灌等量的无菌水。所有处理随机排列，处理后 10d 进行采样。

（6）相关指标测定 苗木在接种后 3 个月进行采样分析。在不损害根系的情况下进行，仔细地清洗根系并清除根际土壤。每个处理随机选择 30 株幼苗。用直尺测量每个苗木的株高，用游标卡尺测量地径，用电子分析天平测量苗木的生物量。生物量按鲜重和干重计算。在用电子分析天平测定苗木干重后，将苗木转移至 85℃烘箱中 5h，60℃保持至恒重。

① 菌根侵染率测定 随机选取 20 段苗木根段，切成 1cm 的小段。用显微镜观察菌根侵染率。结果取平均数。

$$菌根侵染率(\%) = (菌根幼苗/总幼苗数) \times 100\%$$

② 光合色素的含量 采用丙酮研磨法。取新鲜针叶 0.5g，在 10mL 丙酮中研磨，10000r/min 离心 5min，取上清，在 663nm 和 645nm 处记录吸光度。实验重复三次。

③ 可溶性蛋白的含量 以考马斯亮蓝（CBB）G-250 法进行测定。将 100mg 考马斯亮蓝 G-250，加入到 50mL 95％乙醇中混合至溶解。将 100mL 15mol/L 的 H₃PO₄ 加入到 500mL 的蒸馏水中，混合均匀。准确称取针叶 0.5g，在 10mL 蒸馏水中研磨，在 10000r/min 条件下，离心 5min，取上清 1mL，加入 5mL CBB 试剂拌匀。取混合液 1mL，在 595nm 处记录吸光度。

④ CAT 准确称取樟子松针叶 0.1g，液氮研磨，按质量体积比加入 pH7.0 的 50mmol/L 冷磷酸缓冲液 10mL，4℃、10000r/min 低温离心 20min，上清液即为酶液。CAT 采用南京建成 CAT 测定试剂盒测定。

⑤ SOD 准确称取樟子松针叶 0.1g，液氮研磨，按质量体积比加入 pH7.8 的 50mmol/L 冷磷酸缓冲液 10mL，4℃、10000r/min 低温离心 20min，上清液即为酶液。SOD 采用南京建成 SOD 测定试剂盒测定。

⑥ MDA 含量测定 将 0.2g 的针叶新鲜组织置于含有 1mL 蒸馏水的试管中。加入 1mL 的 29mmol/L 醋酸溶液后，将样品放入水浴中，在 95～100℃加

热 1h。待样品在自来水下冷却后，加入 25mL 5mol/LHCl 和 3.5mL 正丁醇搅拌，静置 5min。离心（10000r/min）5min 后，分离有机相，用分光光度计测定其在 525nm 和 547nm 处的吸光度。

（7）数据统计　采用 SPSS13.0 软件对不同处理组的苗高、地径、生物量、生理指标和酶活性进行单因素方差分析（$P=0.05$）。

3.2.2
结果与分析

（1）菌根侵染率与苗木生长　本研究中，未接菌苗木的根中未观察到有菌根侵染。接菌的苗木在不同程度的盐碱胁迫下表现出不同程度的菌根侵染（图 3-6）。菌根的侵染率随着胁迫程度的增加而降低。在盐胁迫下，无菌水处理组的最大侵染率为 73%，碱胁迫下为 75%。侵染率随盐度和碱度的增加而降低，但碱胁迫下的降低程度大于盐胁迫下。

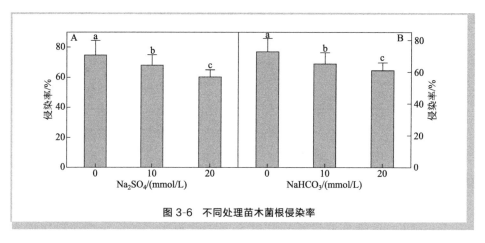

图 3-6　不同处理苗木菌根侵染率

本研究中，盐碱胁迫严重影响苗木的生长（图 3-7）。在盐碱胁迫下，接种 ECMF 促进了幼苗的生长。在盐碱胁迫下，苗木的苗高和生物量显著高于未接菌处理组（$P\leqslant0.05$），接菌的苗高比未接菌的苗木高 18%、13% 和 7%（图 3-7A）。各处理间存在显著性差异（$P\leqslant0.05$）。在苗高方面，碱胁迫与盐胁迫的结果是相似的。随着盐碱胁迫的增加，幼苗高度降低。幼苗随胁迫程度而萎蔫，但未死亡。高度和生物量积累存在一定的相关性，对生物量的检测也发现类似的结果（图 3-7，C~F）。

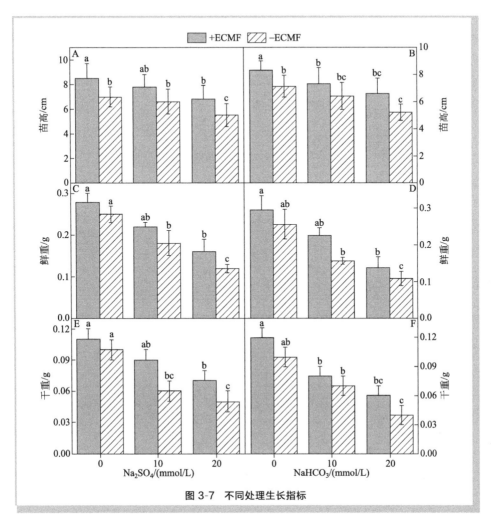

图 3-7　不同处理生长指标

（2）**苗木光合色素**　本研究中，光合色素含量随盐碱胁迫程度的加深而显著降低（图 3-8）。当盐碱浓度≥10mmol/L 时，这一点更为明显。随着盐碱浓度的增加，接菌处理的苗木光合色素含量下降幅度低于未接菌的苗木。各处理叶绿素 a 含量没有显著性差异（图 3-8A、B）。与叶绿素 a 含量相比，接菌处理的叶绿素 b 含量在各处理组之间有显著差异（$P \leqslant 0.05$）。

（3）**苗木抗氧化酶活性**　ECMF 接种对苗木抗氧化酶活性具有显著的影响（图 3-9）。接菌的苗木在无盐碱胁迫下，表现出较高的 CAT 和 SOD 活性。在盐碱胁迫下，接菌和未接菌的苗木 CAT 活性有显著差异（$P \leqslant 0.05$）。胁迫程度越大，酶的活性差异就越大。在 20mmol/L 的盐碱处理下，接菌苗木的

CAT 活性分别比未接菌的苗木高 25% 和 13%（图 3-9A、B）。与 CAT 活性不同，在碱胁迫下，接菌和未接菌的苗木 SOD 活性差异不显著（$P > 0.05$）（图 3-9C）。而在 $NaHCO_3$ 浓度 $\geq 10mmol/L$ 时，接菌和不接菌处理的苗木间有显著差异（$P \leq 0.05$）（图 3-9D）。结果表明，苗木 SOD 活性水平对碱胁迫比盐胁迫更敏感。

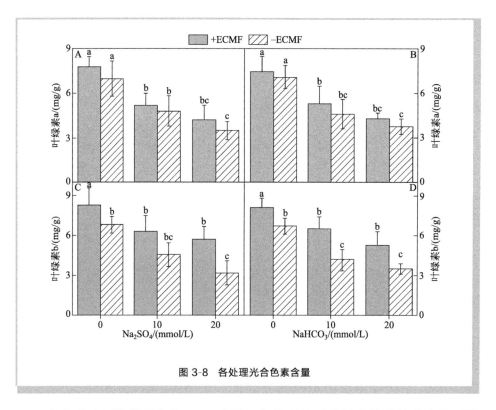

图 3-8 各处理光合色素含量

（4）苗木可溶性蛋白和 MDA 含量　各处理均可以影响樟子松苗木的可溶性蛋白含量（图 3-10A、B）。当 $Na_2SO_4 \leq 10mmol/L$、$NaHCO_3$ 为 $0mmol/L$ 时，接菌与未接菌的苗木可溶性蛋白含量差异不显著（$P > 0.05$），当 $NaHCO_3$ 浓度 $\geq 10mmol/L$ 时，可溶性蛋白含量差异显著（$P \leq 0.05$）（图 3-10B）。此外，当 $NaHCO_3$ 的浓度为 $20mmol/L$ 时，可溶性蛋白含量下降（图 3-10B）。在本研究中，随着盐碱胁迫的加深，MDA 含量显著升高。然而，接菌的苗木 MDA 水平低于未接菌的苗木（图 3-10C 和图 3-10D）。结果表明，接种外生菌根能有效降低盐碱对樟子松苗木的损害程度。

绿木霉和樟子松
外生菌根互作研究

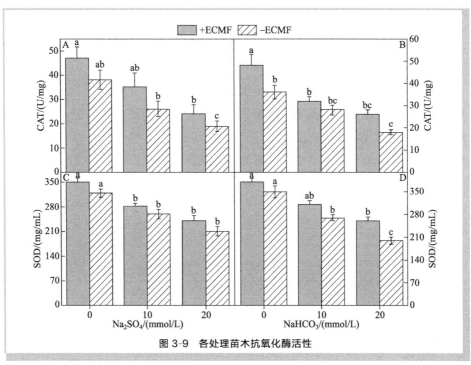

图 3-9　各处理苗木抗氧化酶活性

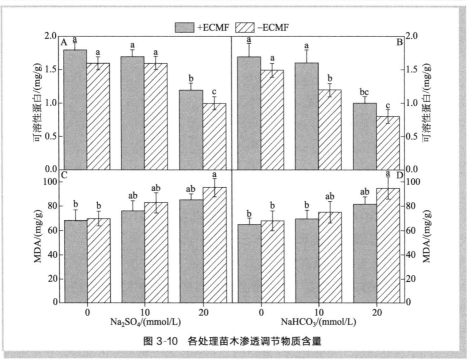

图 3-10　各处理苗木渗透调节物质含量

3.2.3
小结

本研究表明，盐碱胁迫下，樟子松的根与褐环乳牛肝菌形成了良好的共生关系。通过对接菌及干旱处理后苗木生长和生理指标测定分析，可以肯定，接种外生菌根菌对樟子松的耐盐碱胁迫能力具有显著的影响。这种影响可以通过樟子松的生长、抗氧化酶活性、细胞内渗透调节物质的变化来实现。

3.3
外生菌根对樟子松抗逆性代谢产物的影响

3.3.1
前期准备工作

（1）种子处理　将供试种子用 0.5% 高锰酸钾消毒 30min，清水冲洗数次后，用灭菌湿纱布包裹保湿，置于 25℃ 人工气候箱中催芽，每天早晚用无菌水各冲洗一次，直至出芽。

（2）菌剂制备　用直径 5mm 的无菌打孔器，切取在 PDA 平板培养基上培养好的外生菌根菌菌饼，分别接种于盛有 250mL PD 液体培养基的三角瓶（500mL）中，每瓶接种 3 片菌饼。置于摇床上（25℃、150r/min）振荡培养 30d，得到液体菌剂，使用前用搅碎机将菌丝体搅碎做匀浆处理。

（3）无菌土制备与接种　将蛭石、草炭土和河沙按体积比 1∶2∶1 的比例配制混合土，置于高温高压灭菌器中 121℃ 下灭菌 2h，采用 2 年实生苗栽培。在 5 月适合移栽的季节，将植株移栽到装满无菌液体培养基的花盆中。在缓苗 1 个月后，进行接种处理。采取打孔灌根接种的方式，每盆接种 100mL，每个处理 5 次重复，以接种无菌 PD 培养液为对照（CK）。

（4）试验设计　实验采用 2 年生樟子松实生苗。设置 2 个处理组，处理如下：①接菌，将 100mL 的外生菌根悬浮培养液移入幼苗根部。②不接菌，在等效的灭菌培养基中接种。每个处理 5 次重复。

（5）相关指标测定 待樟子松苗木接种并生长两个月后，挖出苗木，仔细地清洗植物根部以除去根际土壤。在每株幼苗上随机抽取 15 个针叶，在 85℃ 条件下烘 5h，然后 45℃ 烘干至恒重，用分析天平测定每个针叶干重并记录。

① 植物激素含量测定 将样本粉碎后，准确称取樟子松根、茎、针叶各 2g，放入研钵中继续磨碎，加入 10mL 预冷的 80% 甲醇水溶液，4℃ 浸提过夜。8000g 离心 10min，取上清液，残渣用 5mL 80% 甲醇水溶液浸提 2h，离心后取出上清液，合并两次上清，40℃ 减压蒸发至不含有机相（大约 3mL 水溶液），加入 5mL 石油醚萃取脱色三次，加入适量 1mol/L 柠檬酸水溶液调节 pH 至 3，加入 3mL 乙酸乙酯萃取两次，转移上层有机相至新的 EP 管，氮吹吹干，加入 0.5mL 流动相溶解，混匀，经 0.22μm 针头式过滤器过滤后待测，每个处理 3 次重复。利用高效液相色谱法测定其含量。色谱仪为 RIGOL L3000 高效液相色谱仪，波长为 254nm，色谱柱为 Kromasil C18 反相色谱柱（250mm×4.6mm，5μm），柱温 30℃。流速 1.0mL/min，进样体积 10μL，流动相为 1% 乙酸水溶液：甲醇＝3：2（体积比）。每个样品 3 次重复。

② 苗木甜菜碱含量测定 将样本粉碎后，准确称取樟子松根、茎、针叶各 1g 样本，放入研钵中继续磨碎，加入 5mL 预冷的甲醇，4℃ 浸提过夜。8000g 离心 10min，取上清液，残渣用 5mL 甲醇浸提 2h，离心后取出上清液，合并两次上清，40℃ 减压蒸发至近干，加入 2mL 超纯水，加入 2mL 石油醚萃取脱色三次，加入 2mL 乙酸乙酯萃取两次，弃去乙酸乙酯层，保留水相，用超纯水定容至 2.5mL，加入 0.5g 左右交联聚乙烯吡咯烷酮（PVPP），混匀静置 5min，8000g 离心 10min，取上清液，经 0.22μm 针头式过滤器过滤后待测，每个处理 3 次重复。利用高效液相色谱法测定其含量。色谱仪为 RIGOL L3000 高效液相色谱仪，波长为 254nm，色谱柱为 KST 耐水 C18 反相色谱柱（250mm×4.6mm，5μm），柱温 30℃，流速 1.0mL/min，检测时长 30min，进样体积 10μL，流动相为 50mmol/L KH_2PO_4 溶液（pH＝5）。每个样品 3 次重复。

③ 黄酮类化合物含量测定 取鲜根、茎、叶各 0.1g，用 10mL 乙酸乙酯研磨，浸泡 24h，过滤，收集上清液，利用旋转蒸发仪浓缩至 10mL，用分光光度计在 510nm 处记录吸光度，每个处理重复 3 次，用标准曲线计算出黄酮类

化合物含量，每个样品 3 次重复。

④ 苗木几丁质酶活性测定　准确称取樟子松根、茎、叶各 0.1g，液氮研磨，按质量体积比加入 pH5.5 的 50mmol/L 冷醋酸缓冲液 10mL，4℃、10000r/min 低温离心 20min，留上清。反应混合物包括 0.6mL 的上清液和 1mL 1% 的胶体几丁质（用 0.1mol/L pH5.5 的醋酸缓冲液配制），37℃水浴 3h 后，加入 0.75mL 二硝基水杨酸溶液，沸水浴 10min 终止反应，冷却，4℃、10000r/min 低温离心 5min，取上清液，用分光光度计测定各样品在 540nm 处的光吸收值 A_{540}。通过测定反应终产物中 N-乙酰氨基葡萄糖的量来计算酶活。在 37℃下每分钟释放相当于 $1\mu mol$ N-乙酰氨基葡萄糖所需要的酶量定义为 1 个酶活力单位。每个样品 3 次重复。

⑤ 苗木 β-1,3-葡聚糖酶活性测定　准确称取樟子松根、茎、叶各 0.1g，液氮研磨，按质量体积比加入 pH6.8 的 50mmol/L 冷磷酸缓冲液 10mL，4℃、10000r/min 低温离心 20min，留上清。将 0.5mL 1% 海带多糖（用 0.05mol/L pH5.0 的醋酸缓冲液配制）和 0.25mL 提取液混匀，45℃反应 30min，沸水浴 2min 终止反应，加入 0.5mL 二硝基水杨酸试剂，沸水浴 5min，冷却后加 1mL 蒸馏水，用分光光度计测定各样品在 540nm 处的光吸收值 A_{540}。在上述反应条件下，每 1 分钟从底物中降解释放 $1\mu mol$ 还原糖所需要的酶量定义为 1 个酶活力单位。每个样品 3 次重复。

（6）数据处理　利用 Graphpad Prism 7.0 进行单因素方差分析（ANOVA）并对数据进行不同处理之间的多重比较。图表采用 Graphpad Prism7.0 绘制。

3.3.2
结果与分析

（1）菌根形态和苗木生长　在本研究中，接种处理组的幼苗长势最好。且能很好地形成菌根，形成的菌根呈现标准的二叉分支（图 3-11A 箭头所指）。菌根的根尖膨大且短、钝，从而使整个根系粗壮、茂盛。菌根周围可见外延菌丝，从而使根系吸收面积明显增大，更利于吸收根际矿质营养和水分。未接种的幼苗没有菌根形成（图 3-11B）。与此同时，从苗木的生长状态也能看出，接种菌根后幼苗生长得到了极大的促进，生长迅速且与对照组的生长状态有明显的差异（图 3-11C），苗高和生长状态均好于未接种樟子松幼苗。

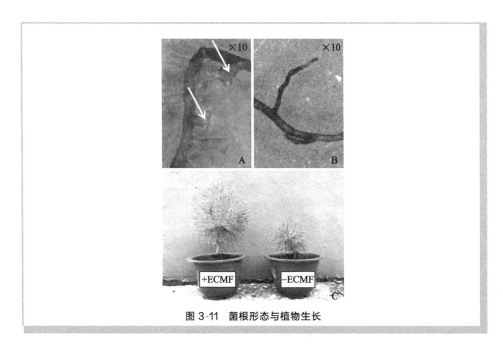

图 3-11　菌根形态与植物生长

（2）**针叶干重**　叶片的干重直接反映了幼苗的生长质量，是一种直观的生长指标。通过随机抽样分析的方法，将针叶烘干至恒重，通过电子分析天平称量，对所得的数据进行非参数检验。试验结果表明，接种组最大叶干重为0.06g。而未接种组的最大值仅为0.04g。接种组的最大值、最小值和中值均高于未接种组，且接种组和未接种组的平均值达到了显著差异水平（$P<0.05$）（图 3-12）。该结果可以说明，在外生菌根的影响下，樟子松幼苗生长状态比未接菌樟子松幼苗生长质量更加良好。

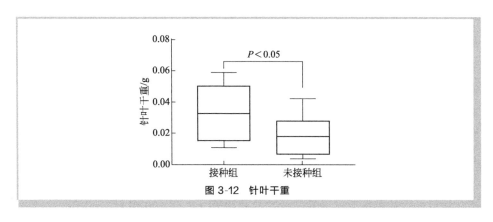

图 3-12　针叶干重

（3）苗木植物激素含量　采用高效液相色谱法测定接菌樟子松及未接菌樟子松的生长素（IAA）、玉米素（ZT）、赤霉素（GA）、脱落酸（ABA）含量。通过方差分析和多重比较，分析外生菌根樟子松及未接菌樟子松的这 4 种植物激素之间的差异。

生长素（IAA）是最早被发现的植物激素之一，其对于植物具有重要的生理功能。IAA 的主要成分是吲哚丁酸（IBA），其主要功能是促进植物的生长。生长素在植物主根、侧根、不定根及根毛发育过程中发挥着主导和中心作用，其他植物激素多通过与生长素协同或拮抗的作用来共同调控根系发育。

如图 3-13 所示，接种处理的根、茎、叶中 IAA 含量分别比未接种处理高 85%、98% 和 80%。根、茎中 IAA 含量达到显著差异水平（$P < 0.01$），但叶中 IAA 含量无显著性差异（$P > 0.05$）（图 3-13）。生长素含量在未接菌苗的三个部位的大小顺序为叶>根>茎，接菌苗的三个部位的大小顺序为叶>茎>根。可见外生菌根对樟子松茎部的生长素含量变化影响较为明显。

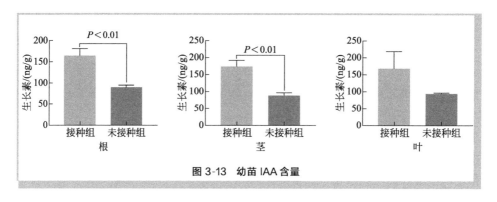

图 3-13　幼苗 IAA 含量

这说明外生菌根对樟子松幼苗的改良效果较好，增高了生长素的含量，提高了樟子松的生长能力及抗逆性，这种作用在茎部表现得尤为明显。

玉米素（ZT）能促进植物细胞分裂，防止叶绿素和蛋白质的降解，减缓呼吸作用，维持细胞活力，延缓植物衰老。本研究中，接菌幼苗的根、茎、叶三部位对于菌根真菌均有不同程度的响应，均比未接菌苗内玉米素含量显著升高。含量在未接菌苗的三个部位的大小顺序为叶>茎>根，接菌苗的三个部位的大小顺序为叶>根>茎。接种处理的根、茎、叶中玉米素含量分别比未接种处理高 106%、59% 和 78%。三部分数据均有显著性差异（$P < 0.05$），且具有统计学意义。其中茎部玉米素含量差异最显著（$P < 0.001$）（图 3-14）。

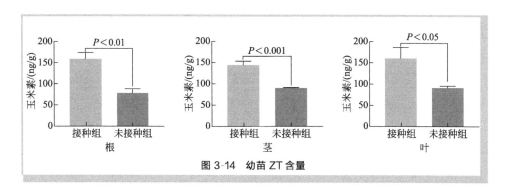

图 3-14　幼苗 ZT 含量

　　赤霉素（GA）是一种典型的细胞分裂素，能有效促进植物生长，调节 IAA 含量，防止器官脱落，解除休眠。赤霉素含量在未接菌苗三个部位的大小顺序为叶＞茎＞根，接菌苗三个部位的大小顺序为根＞叶＞茎，与 IAA 结果相似，幼苗根中 GA 含量最高（图 3-15），接种处理的根、茎、叶中 GA 含量分别比未接种处理高 172％、96％和 42％。三部分数据均达到显著性差异水平（$P<0.05$），其中根部中 GA 含量差异最显著（$P<0.001$）。结果表明，外生菌根对樟子松根部的影响可以提高茎中 GA 的含量，从而来促进樟子松幼苗的生长。它应该与 IAA 的浓度存在对应关系。

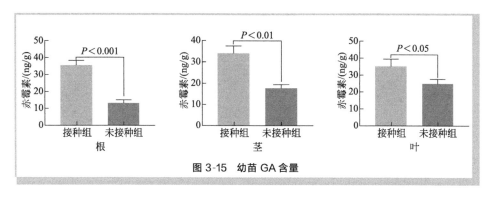

图 3-15　幼苗 GA 含量

　　脱落酸（ABA）是一种抑制植物生长的激素，因其引起叶片脱落的能力而得名。它能使芽进入休眠状态，对细胞的延长也有抑制作用。如图 3-16 所示，ABA 含量的分析结果与其他激素相反。未接种组 ABA 的含量均高于接种组的根、茎和叶。未接种处理的根、茎和叶中的 ABA 含量分别比未接种处理高 36％、33％和 66％。这三个部分的数据均达到显著性差异水平（$P<0.05$），且具有统计学意义。其中，根和茎这两个部位显示出的 ABA 含量差异最显著

（$P < 0.01$）。结果表明外生菌根能降低樟子松根、茎和叶的脱落酸含量，减缓其对苗木生长抑制的程度，从而增强樟子松的抗逆性。

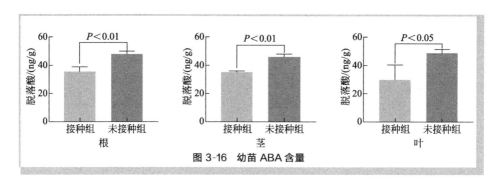

图 3-16 幼苗 ABA 含量

（4）苗木甜菜碱及黄酮类化合物含量 采用紫外分光光度法测定接菌樟子松及未接菌樟子松的甜菜碱及黄酮类化合物含量。通过方差分析和多重比较，分析外生菌根樟子松及未接菌樟子松的甜菜碱和黄酮类化合物含量的差异，结果见图 3-17 和图 3-18。

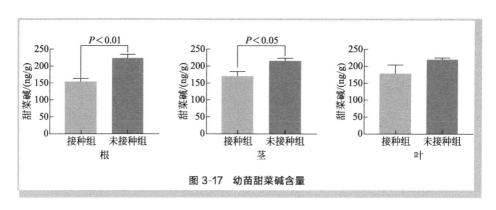

图 3-17 幼苗甜菜碱含量

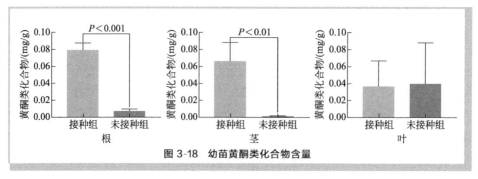

图 3-18 幼苗黄酮类化合物含量

结果与 ABA 相似，未接菌苗木的根、茎、叶中甜菜碱的含量高于接种组（图 3-17）。未接种处理的甜菜碱在根、茎、叶中的含量分别比未接种处理高 46％、26％和 23％。根和茎两个部位数据均有显著性差（$P<0.05$），其中根部的甜菜碱含量差异最显著（$P<0.01$）。结果表明，外生菌根可降低根、茎、叶中甜菜碱的含量。

大多数的植物都含有黄酮类化合物，它在植物、花卉、果实的生长发育和抗菌、防病等方面发挥着重要作用。松科植物的化学成分研究涉及树皮、松香、针叶、花粉、种子等，现阶段已从该科植物中分离鉴定出多种类型的化合物，主要为菇类化合物和挥发油，除此之外还含有黄酮类、木脂素类、多酚类等物质。关于黄酮类化合物，目前在松科植物内主要发现有：黄酮醇类、黄酮类、二氢黄酮类、双黄酮类、黄酮苷类、二氢黄酮苷等。这些物质对于植物本身应对环境胁迫、抵御病虫害的侵袭具有重要的意义。

从图 3-18 可以看出，接种组与未接种组相比，黄酮类化合物在樟子松幼苗根和茎中的含量变化十分明显，接种处理的根和茎中黄酮类化合物含量分别比未接种处理高 700％和 600％。两部分数据均达到显著性差异水平（$P<0.01$），且具有统计学意义。其中根部黄酮类化合物含量与茎和叶中的含量相比差异最显著（$P<0.001$）。结果表明，外生菌根可提高根和茎中黄酮类化合物的含量，从而提高樟子松的抗逆性。但叶片中黄酮类化合物含量差异不显著（$P>0.05$），原因有待进一步研究。由此可见，外生菌根对樟子松苗木黄酮类化合物含量有比较明显的促进作用，说明外生菌根能提高幼苗适应环境压力的能力与相关抗逆性。

（5）苗木几丁质酶及 β-1, 3-葡聚糖酶活性 几丁质酶是一种能够将几丁质分解成几丁质单糖-N-乙酰基葡萄糖的酶。几丁质又称甲壳素或甲壳质，是大多数真菌的细胞壁成分，是有效控制真菌病害的限制性因素之一。几丁质酶可用于降解真菌细胞壁物质，在防治真菌病害方面具有潜在的应用价值。

在几丁质酶活力方面，接种组根、茎、叶三部分分别比未接种组高 33.33％、50％、170.8％。其中叶部几丁质酶活力上升幅度最大，由 0.048U/(g·s) 上升到 0.13U/(g·s)，其中根、茎两部分的几丁质酶活性在两个处理中差异不显著，在叶中差异显著（$P<0.01$）。结果表明，外生菌根可提高樟子松体内几丁质酶的活性，从而提高樟子松抗逆性（图 3-19）。

由图 3-20 可见，接种处理的樟子松幼苗的根、茎、叶的 β-1,3-葡聚糖酶活性分别比未接种处理苗木高 38.2%、34.9%、100.4%，三部分数据均有显著性差异（$P<0.05$），其中茎、叶中 β-1,3-葡聚糖酶活性在两个处理组中差异最显著（$P<0.01$）。

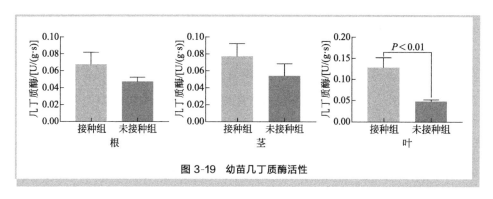

图 3-19　幼苗几丁质酶活性

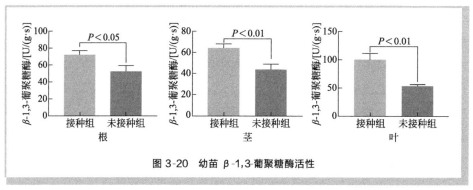

图 3-20　幼苗 β-1,3-葡聚糖酶活性

结果表明，外生菌根可以提高 β-1,3-葡聚糖酶活性从而使植物有效抵抗外界不良环境，增强苗木抗逆性。

3.3.3
小结

本研究以 2 年生樟子松苗木为研究对象，对其进行外生菌根接种处理。通过分析测试其叶干重，相关植物激素、甜菜碱、黄酮类化合物含量，几丁质酶和 β-1,3-葡聚糖酶活性，探讨了外生菌根对樟子松抗逆代谢的影响。研究结果表明，菌根化苗木和非菌根化苗木在生长和抗逆性方面有很大的不同，外生菌根能保护樟子松幼苗，提高其抗逆性。

3.4
外生菌根对樟子松重金属耐受性的影响

3.4.1
前期准备工作

（1）**种子处理**　将供试种子用0.5%高锰酸钾消毒30min，清水冲洗数次后，用灭菌湿纱布包裹保湿，在人工气候箱中，置于25℃下催芽，每天早晚用无菌水各冲洗一次，直至出芽。

（2）**无菌土制备**　将草炭土、蛭石和河沙按2:1:1的体积比配制混合土，置高温高压灭菌器中121℃下灭菌2h，装入营养钵(直径15cm，高13cm)中。

（3）**播种**　在4月将经催芽的樟子松种子播入营养钵中，每钵30粒种子，上覆2cm厚无菌土，待幼苗出土后，定苗至每钵20株左右。进行常规的日常管护。

（4）**菌剂制备**　用直径5mm的无菌打孔器，切取在PDA平板培养基上培养好的褐环乳牛肝菌（培养10d）菌饼，接种于盛有250mL PD液体培养基的三角瓶（500mL）中，每瓶接种3片菌饼。置于摇床上（25℃、150r/min）振荡培养20d。得到液体菌剂，使用前用搅碎机将菌丝体搅碎做匀浆处理。

（5）**实验设计**　在出苗1个月后，采用打孔灌根的方式进行菌剂接种处理，每钵接种菌剂50mL。每个处理5次重复。接种后，实行正常管护。继续生长2个月，在形成菌根1周后，苗木长势一致时，进行Cd浓度梯度处理。均匀浇灌$CdCl_2$溶液，每钵浇灌100mL，浓度设定为$0\mu mol/L$、$10\mu mol/L$、$20\mu mol/L$、$50\mu mol/L$、$100\mu mol/L$，其中$0\mu mol/L$处理组浇等量的无菌水。继续生长1个月。实验分接菌和不接菌两组。各处理如下。

①CK：正常供水处理；②CK+S：正常供水并施加菌根处理；③Cd(10)：施加$10\mu mol/L$ Cd处理；④Cd(10)+S：同时施加$10\mu mol/L$ Cd和菌根处理；⑤Cd(20)：施加$20\mu mol/L$ Cd处理；⑥Cd(20)+S：同时施加$20\mu mol/L$ Cd和菌根处理；⑦Cd(50)：施加$50\mu mol/L$ Cd处理；⑧Cd(50)+S：同时施加$50\mu mol/L$ Cd和菌根处理；⑨Cd(100)：施加$100\mu mol/L$ Cd处理；⑩Cd(100)+S：同时施加$100\mu mol/L$ Cd和菌根处理。

（6）相关指标测定

① 苗木生长指标测定　每个处理随机抽取生长健壮的樟子松苗木 10 株，3 次重复。用直尺测定苗木的苗高，用天平称量苗木鲜重，然后将苗木放入 105℃的烘箱中，杀青 30min，然后 60℃烘干至恒重，称量苗木的干重。随机抽取樟子松细根 20 段，将其剪成 1cm 长度的根段，在显微镜下调查每一根段的菌根侵染情况。按下列公式计算菌根侵染率：

菌根侵染率（%）＝（外生菌根侵染的根段数/检查的总根段数）×100%

② 过氧化氢酶（CAT）和过氧化物酶（POD）活力测定　准确称取樟子松地上和地下部分各 0.1g，液氮研磨，按质量体积比加入 pH7.0 的 50mmol/L 冷磷酸缓冲液 10mL，4℃、10000r/min 低温离心 20min，上清液即为酶液。CAT 和 POD 采用南京建成 CAT 和 POD 测定试剂盒测定。

③ 超氧化物歧化酶（SOD）活力测定　准确称取樟子松地上和地下部分各 0.1g，液氮研磨，按质量体积比加入 pH7.8 的 50mmol/L 冷磷酸缓冲液 10mL，4℃、10000r/min 低温离心 20min，上清液即为酶液。SOD 采用南京建成 SOD 测定试剂盒测定。

④ 苗木渗透调节物质测定　可溶性糖与丙二醛（MDA）含量测定：准确称取樟子松地上和地下部分各 0.5g，用 5mL 蒸馏水研磨 4000r/min 离心 15min，留上清液，取上清液 1mL，用容量瓶定容到 100mL，稀释 10 倍。每个处理 3 次重复。采用蒽酮比色法测定可溶性糖，采用南京建成 MDA 测定试剂盒测定。

⑤ 游离脯氨酸含量测定　准确称取樟子松苗地上和地下部分各 0.5g 放入试管中，加入 5.0mL 的 3%磺基水杨酸溶液，将试管浸入沸水浴中提取 15min，过滤。吸取滤液 2.0mL 于试管内。每个处理 3 次重复。采用水合茚三酮比色法测定。

⑥ 苗木光合色素含量测定　光合色素含量测定采用丙酮研磨法。准确称取樟子松针叶 0.5g，加入 10mL 丙酮，冰浴研磨，吸取上清液，10000r/min 离心 5min，留上清。在分光光度计上分别测定各处理在 663nm 和 645nm 处的光吸收值。每个处理 3 次重复。

3.4.2
结果与分析

（1）**菌根侵染率**　接菌的 5 个处理组菌根侵染率均达到了 48.0%以上

（表 3-1），由于在 Cd 胁迫处理之前，苗木的培养条件基本一致，且各组处理均处于同样的管理模式下，因此胁迫处理之前的菌根侵染率之间无显著差异（$P>0.05$）。该结果表明，人工接种褐环乳牛肝菌与樟子松形成外生菌根的接种是成功的，但 Cd 的存在对菌根的形成会产生一定的抑制，随着 Cd 胁迫的加深，侵染率显著降低。

（2）Cd 胁迫下外生菌根菌对樟子松生长的影响　　Cd 胁迫下，接菌能显著促进樟子松的生长。由表 3-1 可见，樟子松生长的各项指标基本上随着 Cd 浓度增加而减少，说明高浓度的镉离子破坏了樟子松根际的离子平衡，增强了对其细胞的毒害作用，抑制了樟子松的生长。从数据来看，虽然接菌和不接菌处理在同一 Cd 浓度下达到了显著差异水平（$P<0.05$），但不同浓度处理组却无差异，原因可能是胁迫开始的时候，苗木已经生长稳定且长势一致，Cd 胁迫处理后，生长时间大约 1 个月，这样的时间跨度可能对苗木组间影响不大，仅对组内产生了明显的影响，但已经表明接菌确实能够缓解 Cd 胁迫给樟子松带来的生长抑制。

表 3-1　Cd 胁迫下外生菌根菌对樟子松生长的影响

处理	苗高/cm	鲜重/g	干重/g	叶绿素 a/(mg/g)	叶绿素 b/(mg/g)	菌根侵染率/%
CK+S	12.24±0.13a	0.36±0.01a	0.12±0.01a	7.29±0.18bc	6.53±0.62c	67.80±3.50a
CK	8.99±0.30b	0.26±0.02c	0.08±0.02b	7.44±1.01bc	9.07±1.20b	0
Cd(10)+S	10.79±0.27ab	0.33±0.01b	0.12±0.01a	2.07±0.08d	11.95±0.45a	64.00±2.42b
Cd(10)	8.65±0.45b	0.25±0.03c	0.09±0.01b	7.17±0.17bc	2.18±0.31d	0
Cd(20)+S	10.99±0.84ab	0.34±0.03b	0.14±0.02a	6.32±0.39c	3.43±0.91cd	65.75±1.64b
Cd(20)	8.76±0.50b	0.21±0.03d	0.08±0.02b	9.12±0.11b	5.77±0.14c	0
Cd(50)+S	9.73±0.36b	0.28±0.02c	0.11±0.01a	9.85±0.18b	6.51±0.46c	56.50±4.55c
Cd(50)	8.37±0.85c	0.21±0.03d	0.08±0.01b	5.83±0.36c	4.42±0.16cd	0
Cd(100)+S	8.87±0.76b	0.18±0.01e	0.09±0.02a	12.32±0.89a	5.90±0.39c	48.00±1.23d
Cd(100)	7.76±0.50d	0.12±0.02f	0.06±0.01b	7.14±0.40bc	5.36±0.68c	0

注：表中数值为各组重复测定的平均值，其后不同字母代表 5% 水平上的差异显著性。

（3）Cd 胁迫下外生菌根菌对樟子松抗氧化酶活性的影响　　由表 3-2 可见，樟子松苗木地上和地下部分的 CAT 和 POD 两项指标的变化基本上随着 Cd 浓度增加而降低，且各组内达到显著差异水平（$P<0.05$）。CAT 和 POD 活性在

低浓度的 Cd 胁迫下呈现出先降低后升高的趋势，这个趋势与叶绿素 a 的变化规律接近。也就是说，无论地上和地下，变化规律基本一致，均为在受到低浓度 Cd 胁迫时，苗木生长和生理代谢受到一定程度的抑制，随着 Cd 浓度的升高，苗木会出现"代偿性增强"，来减轻 Cd 胁迫对苗木产生的影响。与 CAT 和 POD 变化规律不同的是，SOD 的变化规律呈现出地上和地下部分随着 Cd 胁迫浓度变化而"分化"的变化趋势。即地下部分随着胁迫程度的增加 SOD 活性呈上升趋势，地上部分随着胁迫程度的增加 SOD 活性呈下降趋势。

表 3-2　Cd 胁迫下外生菌根菌对樟子松抗氧化酶的影响

处理	CAT 活性/(U/mg)		POD 活性/(U/mg)		SOD 活性/(mg/mL)	
	地下部分	地上部分	地下部分	地上部分	地下部分	地上部分
CK+S	117.43±2.39a	133.09±5.33a	13.41±0.94b	23.96±1.18ab	207.12±9.84bc	271.01±8.35a
CK	39.14±4.07d	35.23±3.13cd	8.11±0.24bc	15.56±0.80b	150.26±3.43c	228.85±9.52b
Cd(10)+S	64.74±8.25c	31.47±3.10cd	6.19±1.18c	23.26±4.33ab	245.46±9.65b	207.12±9.84b
Cd(10)	37.34±3.42d	27.40±1.83cd	4.33±1.94c	24.15±0.06ab	186.04±10.56bc	203.93±3.69b
Cd(20)+S	85.52±6.58bc	49.53±2.12c	14.93±0.39b	31.74±0.13a	270.37±3.99b	200.10±18.88bc
Cd(20)	44.13±3.53d	37.34±3.42cd	13.67±0.51b	30.29±0.39a	281.23±6.34b	179.01±8.28bc
Cd(50)+S	90.94±4.61b	92.74±3.27b	22.19±0.78a	22.30±0.23ab	368.76±10.14a	187.32±8.64bc
Cd(50)	58.11±8.64cd	48.48±5.65c	10.26±1.35bc	7.81±0.56c	350.87±24.12a	184.12±10.56bc
Cd(100)+S	94.55±7.58b	80.10±7.75b	14.00±0.55b	7.63±1.07c	405.17±14.47a	183.49±2.93bc
Cd(100)	48.62±3.03d	22.28±1.30d	9.70±0.51bc	2.07±0.64d	387.29±27.13a	150.26±3.43c

（4）Cd 胁迫下外生菌根菌对樟子松渗透调节物质含量的影响　由表 3-3 可见，苗木细胞渗透调节物质可溶性糖、MDA 和游离脯氨酸含量变化趋势基本相同，随着胁迫程度的加深，各物质的含量均有不同程度的增加，且达到显著差异水平（$P<0.05$）。说明在 Cd 胁迫下，苗木细胞出现了不同程度的变化，细胞膜脂化程度加重，造成 MDA 和游离脯氨酸的积累。但各浓度加菌的 Cd 胁迫处理组中，Cd 胁迫均有不同程度的缓解，如 MDA 和游离脯氨酸含量两项指标中，加菌处理 MDA 和游离脯氨酸含量均低于不加菌处理，基本达到

显著差异水平（$P<0.05$），且地上和地下部分变化规律基本一致。该结果表明，加菌处理对樟子松提高 Cd 耐受性具有积极意义，可以有效缓解重金属对苗木的毒害作用，降低细胞被破坏的程度。

表 3-3　Cd 胁迫下外生菌根菌对樟子松渗透调节物质含量的影响

处理	可溶性糖含量/（μg/g）		MDA 含量/（nmol/g）		游离脯氨酸含量/（μg/g）	
	地下部分	地上部分	地下部分	地上部分	地下部分	地上部分
CK+S	104.30±0.56bc	92.74±7.94bc	68.22±2.46b	68.11±1.02b	107.98±2.64d	173.64±3.90bc
CK	130.70±4.20b	74.56±5.98c	68.56±0.38b	76.00±1.33a	139.81±19.79c	224.39±0.91b
Cd(10)+S	96.81±3.83bc	61.30±8.84c	69.00±1.15b	78.00±0.67a	134.87±3.27c	145.42±2.66c
Cd(10)	98.85±1.94bc	75.04±8.68c	70.11±1.58b	78.67±1.00a	208.74±13.05b	277.33±5.84ab
Cd(20)+S	156.41±5.43a	97.26±12.45bc	77.89±1.71a	78.89±1.90a	174.48±8.84bc	269.79±6.88ab
Cd(20)	165.74±5.37a	108.67±3.32bc	78.22±0.77a	79.23±0.84a	150.19±10.68c	279.67±5.94ab
Cd(50)+S	102.96±4.56bc	132.89±7.53b	78.00±3.71a	79.22±1.02a	130.51±1.47c	217.19±2.57b
Cd(50)	119.37±7.21bc	134.52±13.50b	79.11±1.84a	79.44±0.51a	176.83±6.43bc	277.92±4.53ab
Cd(100)+S	89.78±4.06c	198.19±6.42a	79.44±1.90a	81.11±1.35a	241.23±4.04b	308.9±12.45ab
Cd(100)	133.56±8.29b	137.41±8.94b	82.22±0.69a	82.33±0.58a	367.11±4.77a	346.93±14.04a

注：表中数值为各组重复测定的平均值，其后不同字母代表 5% 水平上的差异显著性。

3.4.3

小结

本研究采用盆栽试验法，研究了不同浓度 Cd 胁迫下，接种外生菌根菌对樟子松苗期植株的生长及叶绿素含量、抗氧化酶（CAT、POD 和 SOD）活性和细胞渗透调节物质（可溶性糖、MDA 和游离脯氨酸）含量的变化。研究结果表明，接种外生菌根真菌，对樟子松缓解重金属 Cd 胁迫具有明显的促进作用。Cd 胁迫下，外生菌根可以有效正向调节樟子松的生长、抗氧化胁迫能力，并提高苗木细胞渗透调节作用，进而提高苗木对重金属的耐受性。

第4章

褐环乳牛肝菌与绿木霉
对樟子松最佳接种方式筛选

外生菌根菌和木霉菌是两类重要的土壤微生物类群，是植物根际促生微生物和生防菌的典型代表。那么二者之间是否存在协同互作？二者之间的互作能否在促进植物生长抗逆方面发挥协同增效作用？这类的研究目前尚未见报道。因此，本章的研究内容就是在"基于促生作用木霉的角色转变"的基础上，用前期研究筛选出的樟子松高效外生菌根菌——褐环乳牛肝菌（S. luteus）与笔者所在的课题组前期研究筛选出的绿木霉（Trichoderma virens），对樟子松进行复合接种试验，来探究一个最佳接种方式，进而构建一个"樟子松-外生菌根菌-木霉"这样的"三位一体"抗逆体系。在以往的研究当中，木霉都是以生防用菌的角色出现，本研究中，木霉的角色则是外生菌根菌的一个协作因子或者说一个诱导因子，以此来探究二者是否存在对植物促进的"协同增效"作用。

4.1
材料与方法

4.1.1
试验菌株

绿木霉（T. virens）（编号：T43），为从以色列引进，经前期研究筛选出的高效木霉菌株，对苗木立枯病、樟子松枯梢病等林木病害具有很好的控制作用，并对针叶苗木具有明显的促生作用。褐环乳牛肝菌（S. luteus）（编号：N94），为前面筛选得到的樟子松高效外生菌根菌。

4.1.2
前期准备工作

（1）种子处理　将供试种子用 0.5% 高锰酸钾消毒 30min，清水冲洗数次后，用灭菌湿纱布包裹保湿，在人工气候箱中，置于 25℃ 下催芽，每天早晚用无菌水各冲洗一次，直至出芽。

（2）无菌土制备与接种　将草炭土、蛭石和河沙按体积比 2∶1∶1 的比例配制混合土，置高温高压灭菌器中 121℃ 下灭菌 2h，装入营养钵（直径

18cm，高 18cm）中，土壤基本理化指标见表 4-1。在 4 月中下旬将经催芽的樟子松种子播入营养钵中，每钵 30 颗种子，上覆 2cm 厚无菌土，浇透水后放入大棚中培养，待幼苗出土后，定苗至每钵 10～15 株。进行常规的日常管护。

表 4-1　土壤基本理化指标

指标	N/(mg/g)	P/(mg/g)	K/(mg/g)	pH	电导率/(μS/cm)
数值	5.769	0.206	8.283	7.2	245

（3）菌剂制备　用直径 5mm 的无菌打孔器，切取在 PDA 平板培养基上培养好的菌根菌（培养 30d）和绿木霉（培养 5d）菌饼，分别接种于盛有 250mL PD 液体培养基的三角瓶（500mL）中，每瓶接种 3 片菌饼。置于摇床上（25℃、150r/min）振荡培养。菌根菌培养 30d，绿木霉培养 5d，得到液体菌剂，使用前用搅碎机将菌丝体搅碎做匀浆处理。

4.1.3
试验设计

在出苗 1 个月后，进行菌根菌和绿木霉的接种处理，设置 5 种处理方式：

处理 1：两种菌株同时接种（S. ＋T.）；

处理 2：先接种菌根菌，30d 后再接种绿木霉（S. 30days ＋ T.）；

处理 3：只接种菌根菌（S. only）；

处理 4：只接种绿木霉（T. only）；

处理 5：接种无菌 PD 培养液（control）。

采取打孔灌根接种的方式，在出苗 30 d 左右进行接种。每盆接种菌根菌剂和/或绿木霉菌剂各 50mL。每个处理 5 次重复。预试验表明，绿木霉生长较快，接种后会迅速占领生态位，不利于其他菌株生长，因此本研究不设先接种绿木霉 30d 再接种菌根菌的处理方式。

4.1.4
相关指标测定

（1）苗木生长指标测定　接种生长 3 个月后，此时苗木高生长已经基本结束。每处理随机挖取 10 株樟子松苗木，分别用直尺和游标卡尺测量苗高和地径。用电子分析天平测苗木鲜重，然后放入 105℃的烘箱中，烘干至恒重，称量苗木的干重。随机抽取樟子松细根 20 段，将其剪成 1cm 长度的根段，在显微镜下调查每一根段的菌根侵染情况。按下列公式计算菌根侵染率，结果用平均值±标准差的形式表示。

菌根侵染率（%）＝（外生菌根侵染的根段数/检查的总根段数）×100％

（2）苗木可溶性蛋白含量测定　用牛血清蛋白(BSA)，配制成 1.0mg/mL 和 0.1mg/mL 的标准蛋白质溶液。称 100mg 考马斯亮蓝 G250，溶于 50mL 95％的乙醇后，再加入 100mL 85％磷酸，用水稀释至 1L。准确称取樟子松针叶 0.5g，加入 10mL 蒸馏水，冰浴研磨，吸取上清液，10000r/min 离心 5min，留上清。取离心后的上清液 1mL，加入试管中，同时加入 5mL 配制好的考马斯亮蓝 G250 试剂，2～5min 后，以蒸馏水为空白，在分光光度计上测定各样品在 595nm 处的光吸收值 A_{595}。每个样品 3 次重复。

（3）苗木光合色素含量测定　准确称取樟子松针叶 0.5g，加入 10mL 丙酮，冰浴研磨，吸取上清液，10000r/min 离心 5min，留上清。在分光光度计上分别测定各样品在 663nm 和 645nm 处的光吸收值 A_{663} 和 A_{645}。每个样品 3 次重复。

（4）苗木根系活力测定　将苗木细根剪成 2mm 左右的小段，在电子分析天平上准确称取根段 200mg，加入 6mL 0.6％（质量浓度）TTC 试剂（TCC 用 0.05％的 Na_2HPO_4-KH_2PO_4 溶解）30℃温育 20h。加入 95％（体积分数）的酒精，80℃水浴 15min。在分光光度计上测定各样品在 520nm 处的光吸收值 A_{520}。每个样品 3 次重复。

（5）β-1,3-葡聚糖酶测定　准确称取樟子松针叶 0.1g，液氮研磨，按质量体积比加入 pH6.8 的 50mmol/L 冷磷酸缓冲液 10mL，4℃、10000r/min 低温离心 20min，留上清。将 0.5mL 1％海带多糖（用 0.05mol/L pH5.0 的醋酸缓冲液配制)和 0.25mL 提取液混匀，45℃反应 30min，沸水浴 2min 终止反应，加入 0.5mL DNS(二硝基水杨酸)试剂，沸水浴 5min，冷却后加 1mL 蒸馏水，用分光光度计测定各样品在 540nm 处的光吸收值 A_{540}。在上述反应条件下，每分钟从底物中降解释放 1μmol 还原糖所需要的酶量定义为 1 个酶活力单位。

（6）几丁质酶测定　准确称取樟子松针叶 0.1g，液氮研磨，按质量体积比加入 pH5.5 的 50mmol/L 冷醋酸缓冲液 10mL，4℃、10000r/min 低温离心 20min，留上清。通过测定反应终产物中 N-乙酰氨基葡萄糖的量而定。反应混合物包括 0.6mL 的上清液和 1mL 1% 的胶体几丁质（用 0.1mol/L pH5.5 的醋酸缓冲液配制），37℃水浴 3h 后，加入 0.75mL 二硝基水杨酸溶液，沸水浴 10min 终止反应，冷却，4℃、10000r/min 低温离心 5min，取上清液，用分光光度计测定各样品在 540nm 处的光吸收值 A_{540}。在 37℃下每分钟释放相当于 1μmol N-乙酰氨基葡萄糖所需的酶量定义为 1 个酶活力单位。

4.1.5
数据的处理

所得数据用 SPSS 13.0 进行单因素差异显著性分析（ANOVA，$P = 0.05$），并用"平均值±标准差"的形式表示。

4.2
结果与分析

4.2.1
外生菌根侵染率

接种含有菌根菌的 3 个处理（S. only、S. + T. 和 S. 30days + T.）的菌根侵染率均超过 67.0%（表 4-2），3 个处理之间无显著差异（$P > 0.05$）。

表 4-2　各处理组菌根侵染率/%

处理组	菌根侵染率
S. + T.	67.16±0.12a
S. 30days + T.	69.15±0.15a
S. only	67.36±0.10a
T. only	0
control	0

单独接种木霉和空白对照则无菌根形成。表明人工接种褐环乳牛肝菌（$S. luteus$）与樟子松形成外生菌根接种成功，在与木霉同时存在的条件下不影响菌根的形成。

4.2.2
对苗木生长的影响

各处理组均可以显著促进苗木的生长（表4-3）。接种生长3个月后，在苗高和地径方面 S. 30days ＋T. 处理组效果最好，与对照相比苗高和地径分别是对照的 1.42 倍和 1.7 倍。这种结果也表现在生物量方面，与对照相比，S. 30days ＋ T. 处理组苗木的鲜重和干重分别是对照的 1.54 倍和 1.5 倍。虽然在生物量方面，S. 30days ＋T. 处理组与 S. ＋ T. 处理组不存在显著差异，但从生长状况的四种指标来看，S. 30days ＋T. 处理组要优于 S. ＋ T. 处理组。

表 4-3　不同接种方式下苗木生长指标

处理	苗高/cm	地径/cm	鲜重/g	干重/g
S. ＋ T.	12.7±1.07ab	0.11±0.02b	0.35±0.06a	0.11±0.04a
S. 30days ＋ T.	14.10±1.72a	0.15±0.02a	0.37±0.15a	0.12±0.20a
S. only	13.60±1.16ab	0.10±0.01b	0.31±0.07b	0.10±0.07ab
T. only	10.80±1.02b	0.11±0.01b	0.28±0.03bc	0.09±0.03ab
control	9.91±0.11c	0.09±0.02bc	0.24±0.11c	0.08±0.01b

注：每一列不同字母表示差异显著（$P \leqslant 0.05$）。

4.2.3
对苗木可溶性蛋白和根系活力的影响

各处理组均能显著提高苗木可溶性蛋白含量和根系活力（表4-4）。接种生长3个月后，S. 30days ＋ T. 处理组苗木可溶性蛋白含量最高，大约是对照组的 1.7 倍。S. ＋ T. 与 S. only 两个处理组之间不存在显著差异（$P > 0.05$）。这种现象说明，如果将两种菌剂同时接种，起到的效果与单独接种 S. 是一样的。相同的现象也体现在苗木的根系活力上面，即 S. ＋ T. 与 S. only 两个处理组之间不存在显著差异（$P > 0.05$）。这就是说，S. 30days ＋T. 处理组的这种接种方式要优于同时接种或单独接种菌根菌，而且 S. 30days ＋T. 处理组在根系活力方面也表现出优于其他处理的现象，与对照相比，该组的根系活力大约是对照的 1.4 倍。

表 4-4　不同接种方式下苗木的生理指标

处理	可溶性蛋白 /(μg/g)	根系活力 /[mg/(g·h)]	叶绿素 a /(mg/g)	叶绿素 b /(mg/g)	类胡萝卜素 /(mg/g)
S.＋T.	17.15±0.84b	0.03±0.001b	35.88±0.08ab	51.63±0.22a	11.33±0.27ab
S.30days＋T.	21.81±2.51a	0.04±0.002a	39.76±0.04a	53.64±0.18a	12.36±0.33a
S. only	16.80±0.59b	0.03±0.001b	32.29±0.09b	51.56±0.61a	9.62±0.21b
T. only	14.04±0.62bc	0.02±0.001c	32.11±0.33b	40.26±0.21b	8.73±0.46b
control	12.84±1.43c	0.016±0.001c	22.38±0.28c	31.46±0.18c	5.07±0.14c

注：每一列不同字母表示差异显著（$P \leqslant 0.05$）。

4.2.4
对苗木光合色素含量的影响

实验中，苗木光合色素主要是通过苗木针叶当中叶绿素 a、叶绿素 b 和类胡萝卜素含量来体现的。如表 4-4 所示，S.30days＋T.处理组苗木无论是在叶绿素 a、叶绿素 b，还是类胡萝卜素含量，都显著高于其他处理组。S.30days＋T.处理组叶绿素 a、叶绿素 b 含量分别是对照组的 1.78 倍和 1.71 倍。与此相类似，类胡萝卜素含量是对照组的 2.4 倍。该结果表明，先接种 S.30d 后再接种 T.对樟子松苗木的光合效率有明显的促进作用，光合效率的提高直接促进苗木的生长，使得苗木更加健壮。而且在叶绿素 b 的指标当中，S.＋T.与 S. only 两个处理组之间依然不存在显著差异（$P > 0.05$）。

4.2.5
对苗木 β-1,3-葡聚糖酶和几丁质酶活性的影响

与对照相比，接种 *S. luteus* 的三个处理组均明显提高了苗木 β-1,3-葡聚糖酶活性（表 4-5）。其中 S.30days＋T.处理组苗木 β-1,3-葡聚糖酶活性约是对照组的 2.3 倍。虽然 S.＋T.与 S. only 处理组 β-1,3-葡聚糖酶活性与对照组相比高出很多，但他们之间依然不存在显著差异（$P > 0.05$）。在几丁质酶方面的结果存在着一定的"反常"，与前面的几项指标结果不同的是，各处理组在几丁质酶的促进方面对苗木的影响不大，无论是接种 S. 还是 T. 对苗木均无明显的酶活性提高作用，但是 S.30days＋T.处理组苗木几丁质酶活性还是最高，

高出对照 40%。具体原因有待于进一步研究。

表 4-5　不同接种方式下苗木 β-1,3-葡聚糖酶、几丁质酶酶活性

处理	β-1,3-葡聚糖酶/[U/(g·s)]	几丁质酶/[U/(g·s)]
S.+T.	112.38±7.39b	0.06±0.01ab
S.30days+T.	121.93±8.03a	0.07±0.02a
S. only	109.45±1.46b	0.06±0.01ab
T. only	71.12±5.63c	0.06±0.02ab
control	54.01±5.09d	0.05±0.01b

注:每一列不同字母表示差异显著($P \leqslant 0.05$)。

4.3
本章小结

本章研究结果表明,无论从苗木的生长指标还是生理指标都不难看出 S.30days+T. 这种接种方式是最佳的。"樟子松-外生菌根菌-木霉"的"三位一体"促生抗逆体系的构建是成功的,*S. luteus* 与 *T. virens* 之间存在"协同增效"作用,*T. virens* 应该是起到某种"诱导因子"的作用,使得二者接种于樟子松后各项指标基本高于其他处理组。接种 *S. luteus* 后,樟子松苗木基本上已经形成菌根,此时接种 *T. virens*,可以更好地发挥二者的"协同增效"作用。两种菌同时接种的各项指标虽然高于对照组,但低于 S.30days+T. 处理组的结果表明,二者依然存在着一定的竞争性,但这种现象并不明显。

那么,我们所构建的这种体系是否具有代表性呢?与此同时,我们进行了两个平行试验,在试验层面对体系的一般性做了一个简单的试验证明。前面提到,除 *S. luteus* 之外,我们还筛选出另一株樟子松高效外生菌根菌——厚环乳牛肝菌(*S. grevillei*),在进行本试验的同时,利用 *S. grevillei* 与 *T. virens* 用上面同样的方式对樟子松进行接种,研究结果表明:*S. grevillei* 与 *T. virens* 也具有良好的"协同增效"作用,对苗木的生长指标、生理指标均有明显的提高作用。

采用接种 *S. luteus* 30d 后接种 *T. virens* 的接种方式处理樟子松苗木,接种 3 个月后相对于对照苗高提高 43.0%，地径提高 55.6%，苗木可溶性蛋白含量提高 176.9%，苗木叶绿素 a 水平提高 76.2%，叶绿素 b 水平提高 64.1%，类胡萝卜素水平提高 103.6%，苗木 CAT 和 SOD 活力分别提高 45.5% 和 43.7%。说明对于樟子松而言这种接种方式是最佳的，而且这种方式也具有一定的持久性，我们在第二年的时候，对上一年的樟子松苗木进行调查时发现，菌根状态依然很好（见图 4-1）。说明这种接种方式是存在着一定的普遍性的。

图 4-1 二年生樟子松菌根情况

第5章

"樟子松-褐环乳牛肝菌-绿木霉"体系的性能评价

5.1

褐环乳牛肝菌与绿木霉耐旱性研究

5.1.1
材料与方法

（1）**试验菌株**　褐环乳牛肝菌（*S. luteus*）分离自辽宁省阜新市章古台林场樟子松林下。绿木霉为从以色列引进，经前期研究筛选出的高效木霉菌株。

（2）**菌株活化**　用直径 5mm 的无菌打孔器，切取 PDA 平板培养基上的 *S. luteus* 和 *T. virens* 培养菌饼，分别接种于新制成的 90mm PDA 平板上。置于人工气候箱中(26℃)黑暗培养。*S. luteus* 培养 30d，*T. virens* 培养 5d，备用。

（3）**菌丝生长观察**　用聚乙二醇 PEG-6000 调节水势，PEG 的浓度为 0%、10%、20%、30% 和 35%，与之相对应的溶液水势为 -0.02MPa、-0.15MPa、-0.49MPa、-1.03MPa 和 -1.37MPa。在直径 90mm 培养皿底部铺灭菌沙砾 25g，沙砾上铺灭菌滤纸一张，注入 25mL PD 液体培养基（刚好没过滤纸），并在上面倒上一层很薄的培养基（培养基中也溶有相应浓度的 PEG-6000），在已活化的菌落边缘用直径 10mm 的无菌打孔器打取菌饼，接种于培养皿中央，置于人工气候箱中（26℃）黑暗培养。用十字交叉法每 8h 测定 *T. virens* 菌落直径，每 5d 测定 *S. luteus* 菌落直径，连续测量 5 次。每个处理 5 个平皿，试验重复 3 次。试验结束后，收集培养皿中的菌丝体，蒸馏水冲洗 2～3 次后，置于干净的滤纸上，连同滤纸一起在 80℃烘箱内干燥 24h，用分析电子天平称菌丝干重。

5.1.2
结果与分析

（1）**干旱胁迫对 *S. luteus* 和 *T. virens* 生长的影响**　在 PEG-6000 模拟的干旱胁迫下，*S. luteus* 和 *T. virens* 在各个梯度的水势情况下均能正常生长（图 5-1 和图 5-2）。菌株生长基本呈线性趋势（表 5-1），随着胁迫程度的加深，*S. luteus* 受到的抑制程度加大，菌丝生长速度与胁迫程度呈负相关。各组

$R^2 > 0.9$，说明试验结果可信度较高。试验结束时，各个平板中的菌落均未长满平板，其中对照组菌落直径最大，约为41mm。从图5-2可以看出，*S. luteus* 生长速度受干旱胁迫的影响不大，但菌落形态受到了影响。各胁迫处理组的菌丝均较对照组致密，紧贴平板生长，菌落呈"收缩"状态。其原因可能是菌丝生长受到干旱胁迫，以积累生物量为第一生长目标，用以抵御外界环境胁迫。

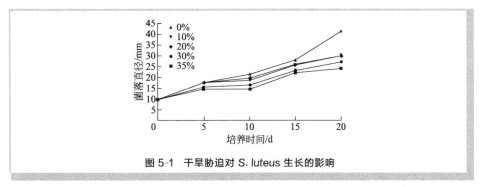

图 5-1 干旱胁迫对 *S. luteus* 生长的影响

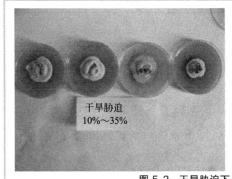
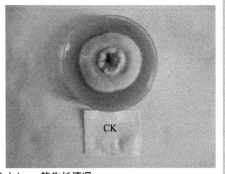

图 5-2 干旱胁迫下 *S. luteus* 的生长情况

表 5-1 干旱胁迫下菌株的生长模式

菌种	水势/MPa	生长模式	R^2
N94	−0.02	$y = 7.28x + 1.79$	0.95
	−0.15	$y = 4.91x + 5.95$	0.98
	−0.49	$y = 4.86x + 5.71$	0.97
	−1.03	$y = 4.175x + 5.835$	0.97
	−1.37	$y = 3.535x + 6.745$	0.97
T43	−0.02	$y = 12.096x^{1.1584}$	0.96
	−0.15	$y = 11.826x^{1.164}$	0.96
	−0.49	$y = 55.571x^{1.1719}$	0.97
	−1.03	$y = 11.381x^{1.181}$	0.97
	−1.37	$y = 10.911x^{1.1989}$	0.97

由图 5-3 可以看出，在试验开始时 *T. virens* 即进入快速生长期，生长基本符合"S"形曲线。试验结果表明，干旱胁迫对 *T. virens* 生长速率几乎无影响，各曲线趋于重合。各组 $R^2 > 0.9$，说明试验结果可信度较高。试验结束时，各处理组 *T. virens* 均长满平板，从图 5-4 可知，*T. virens* 菌落形态受干旱胁迫影响不大，在水势 $\geqslant -0.49\text{MPa}$ 时，菌丝与对照基本相同，在水势 $\leqslant 1.03\text{MPa}$ 时，菌丝生长比其他处理组较为稀疏，只是贴着培养基生长较薄的一层。*T. virens* 总体表现较为耐旱。

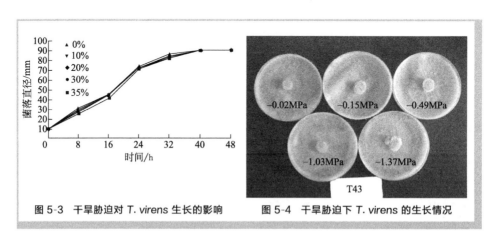

图 5-3 干旱胁迫对 *T. virens* 生长的影响　　图 5-4 干旱胁迫下 *T. virens* 的生长情况

（2）干旱胁迫对 *S. luteus* 和 *T. virens* 生物量的影响　在生物量方面，*S. luteus* 在整个过程中并无明显的下降，整体趋势趋于平稳（见图 5-5）。其中水势 $= -1.37\text{MPa}$ 时生物量最低，为 1.35g，比对照低 25%。该结果表明，*S. luteus* 整体表现较为耐旱，这与生长速率试验结果基本吻合，虽然菌落直径随着胁迫程度加深而减小，生物量虽降低但降低的幅度不大，表明 *S. luteus* 菌株在受到干旱胁迫时，菌落收缩，菌丝致密，以生物量积累方式抵御外界胁迫。*T. virens* 整体试验结果与 *S. luteus* 类似，所不同的是，在水势 $\geqslant -0.49\text{MPa}$ 时，生物量的下降幅度加快（图 5-6），不同于 *S. luteus* 整个过程的缓慢平稳下降。其中在水势 $= -1.37\text{MPa}$ 时生物量降到最低，为 0.735g，比对照低 54%，生物量下降较 *S. luteus* 明显，说明 *T. virens* 在耐旱程度上较 *S. luteus* 低，在水势 $\geqslant -0.49\text{MPa}$ 时表现为耐旱，在水势 $\leqslant 1.03\text{MPa}$ 时，表现为耐旱程度降低，说明本身亦受到胁迫。这与前面的研究是吻合的，在水势 $\leqslant 1.03\text{MPa}$ 时，*T. virens* 菌丝生长较其他组稀疏，虽然生长速率未受影响，但生物量有所降低。

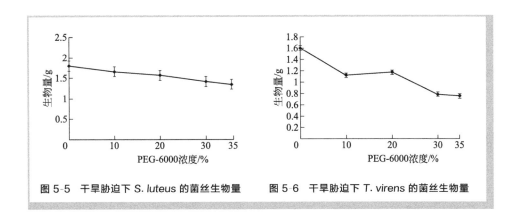

图 5-5　干旱胁迫下 *S. luteus* 的菌丝生物量　　　图 5-6　干旱胁迫下 *T. virens* 的菌丝生物量

5.1.3
小结

菌株耐旱性研究结果表明 *S. luteus* 和 *T. virens* 均有一定的耐旱性，利用二者接种樟子松苗木进行干旱胁迫试验是完全可行的。试验虽然是在实验室环境下模拟进行的，但试验结果具有很高的参考价值，为后续的研究做了铺垫。

5.2
"樟子松-褐环乳牛肝菌-绿木霉"体系耐旱性研究

5.2.1
材料与方法

（1）试验菌株　同"5.1.1"相关内容。
（2）前期准备工作　同 3.1.1 相关操作。

（3）试验设计

处理1：先接种 S. luteus，30d 后再接种 T. virens，30d 后一次性浇透水，之后进行正常管理（control S. 30days＋T.）；

处理2：接种无菌 PD 培养液，60d 后一次性浇透水，之后进行正常管理（control CK）；

处理3：先接种 S. luteus，30d 后再接种 T. virens，30d 后一次性浇透水，浇过水后便不再浇水，让土壤进行自然干旱（water stress S. 30days ＋ T.）；

处理4：接种无菌 PD 培养液。60d 后一次性浇透水，浇过水后便不再浇水，让土壤进行自然干旱（water stress CK）。

接种方式及相关操作同 4.1.3。每组处理 10 盆，共 40 盆。从浇水之日起每 5d 取样一次，共取样 6 次，试验周期 25d（试验开始当天取样 1 次）。

（4）相关指标测定

① 苗木可溶性蛋白含量测定　同"4.1.4"相关内容。

② 苗木可溶性糖含量测定　吸取 100μg/mL 葡萄糖标准液 0mL、0.1mL、0.3mL、0.4mL、0.6mL、0.8mL 和蒸馏水 1.0mL、0.9mL、0.8mL、0.7mL、0.6mL、0.4mL、0.2mL 对应加入 25mL 的刻度试管中后立即混匀，迅速置于冰浴中，各管分别加入 8mL 蒽酮试剂，即得 0μg/mL、20μg/mL、30μg/mL、40μg/mL、60μg/mL、80μg/mL 标准系列溶液。同时置于沸水浴煮沸 10min，立即取出置于冰浴中迅速冷却，待各管溶液达室温后，以第一管为空白，在 620nm 处迅速测定各管的光吸收值，以溶液含糖量（μg）为横坐标，吸光度（A_{620}）为纵坐标，绘制出标准曲线。

待测液的制备　取樟子松针叶 0.5g，用 5mL 蒸馏水研磨 4000r/min 离心 15min，留上清液，取上清液 1mL 定容到 100mL 容量瓶，稀释 100 倍。

糖含量的测定　吸取稀释液 2mL 于试管内，与标准浓度的葡萄糖系列溶液同法显色测定。

③ 苗木抗氧化酶活性测定　同"3.1.1"相关内容。

④ 苗木丙二醛（MDA）含量测定　准确称取 0.5g 针叶样品，洗净擦干，放入冰浴的研钵中，加入少许的石英砂和 2mL 0.05mol/L pH7.8 的磷酸缓冲液，研磨成匀浆，浆液转移到试管中，再用 0.05mol/L pH7.8 磷酸缓冲液，分两次冲洗研钵，合并提取液。MDA 含量采用南京建成 MDA 测定试剂盒测定。

⑤ 苗木游离脯氨酸含量测定　取 7 支试管，编号。依次分别向各试管准确加入脯氨酸标准液（含脯氨酸 $10\mu g/mL$）0.4mL、0.8mL、2.4mL、3.2mL、4.0mL，用蒸馏水定容至 4.0mL 摇匀，配成的溶液分别含 $0\mu g$、$4\mu g$、$8\mu g$、$24\mu g$、$32\mu g$、$40\mu g$ 的脯氨酸标准液。再向各试管加入冰醋酸和酸性茚三酮各 2.0mL，摇匀后，在沸水中加热显色 30min，取出后冷却至室温，向各试管加入 5.0mL 的甲苯，充分摇动，以萃取红色产物。萃取完后，避光静置 4h 以上，等待完全分层后，用吸管吸取甲苯层，用分光光度计在 520nm 波长下测定。以脯氨酸含量为横坐标，吸光值为纵坐标，绘制标准曲线。

游离脯氨酸的提取　准确称取樟子松针叶 0.5g 放入试管中，加入 5.0mL 的 3%磺基水杨酸溶液，将试管浸入沸水浴中提取 15min，过滤，滤液用于脯氨酸测定。

脯氨酸测定　吸取滤液 2.0mL 于试管内，与标准浓度的脯氨酸系列溶液同法显色测定。计算公式如下：

$$脯氨酸（\mu g/g）= C \times V / (W \times a)$$

式中，C 为从标准曲线上查得的脯氨酸量，μg；V 为提取液的总体积，mL；W 为样品干重，g；a 为测定时提取液的体积，mL。

5.2.2
结果与分析

（1）干旱胁迫对苗木可溶性蛋白含量的影响　由图 5-7 可以看出，在胁迫开始前 5d，各处理组可溶性蛋白含量变化均不明显，其中 control CK 处理组略有上升。在第 10d 时，water stress S. 30days＋T. 处理组可溶性蛋白含量出现了较为大幅的上升，接近 $14\mu g/g$。随着胁迫程度的加深，各处理组可溶性蛋白含量均不同程度的下降，其中 water stress CK 处理组下降幅度最大，接近 $10\mu g/g$。但综合整个试验结果，四个处理在可溶性蛋白含量这一指标上，表现得均有所变化，但变化不是特别明显，但 water stress S. 30days＋T. 处理组的蛋白含量上升幅度均大于其他处理组，说明该处理方式在面对干旱逆境时候，对外界环境所作出的响应也最为及时。

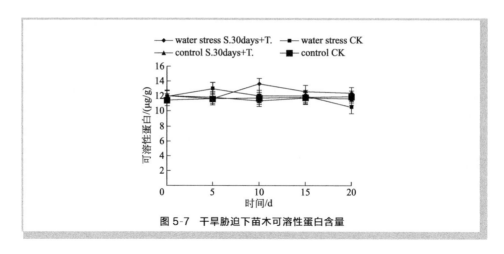

图 5-7　干旱胁迫下苗木可溶性蛋白含量

（2）干旱胁迫对苗木可溶性糖含量的影响　如图 5-8 所示，接种处理一个月后，无论 water stress S. 30days＋T. 还是 control S. 30days＋T. 处理组可溶性糖含量均高于未接种处理组。

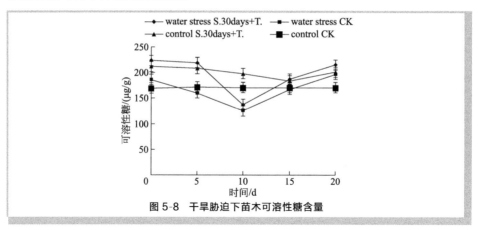

图 5-8　干旱胁迫下苗木可溶性糖含量

胁迫开始前 5d，各处理组可溶性糖含量几乎未发生改变，在第 10d，除 control CK 之外，各组出现下降，未接种的两个处理下降幅度最大，其中 water stress CK 处理组下降幅度最大，接近 171μg/g。随着胁迫程度的加深，各组可溶性糖含量均有不同程度的回升。在整个试验过程当中，control CK 可溶性糖含量基本平稳。关于在第 10d 出现大幅下降的原因，可能是在第 10d 左右，天气一直是阴雨天，虽然苗木在大棚中生长，但由于光照不足，光合作用效率偏低，进而影响了苗木的生长和有机物的合成。但接种处理组（water stress S. 30days＋T. 和 control S. 30days＋T.）在此过程当中表现出了较强的恢复能力，在阴天过后，干旱胁迫加深的过程中，表现出了可溶性糖含量快速增加的趋势，用来抵御不良生长环境，但当胁迫程度加深到第20d时，苗木的生长势受到影响，因此可溶性糖含量没有恢复到试验开始时。

（3）干旱胁迫对苗木保护酶活性的影响

① 对CAT活性的影响　各处理组在胁迫开始时即表现出CAT活性上升的趋势（图5-9）。其中water stress S.30days＋T.和control S.30days＋T.两个处理组上升最为显著。在各组上升过程中，第15d出现回落，可能是苗木生长受阴雨天影响光照效率。在第10d时，water stress S.30days＋T.处理组CAT活性上升至最高，为0.44U/(g·s)。在整个过程中water stress S.30days＋T.和control S.30days＋T.两个处理组CAT活性均高于control CK和water stress CK。在试验结束时，control CK除第5d略有上升外，整个过程均比较平缓，water stress CK处理组由于受到干旱胁迫，第10d后一直处于下降趋势，到第25d降到最低，为0.2U/(g·s)。上述结果表明，"体系"整体表现较为耐旱，在处于干旱环境下，可以通过CAT活性的升高来抵御外界不良环境。

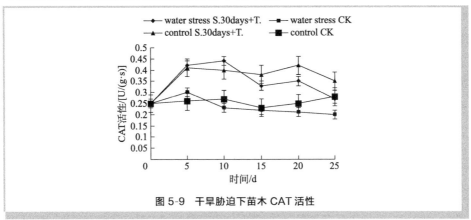

图5-9　干旱胁迫下苗木CAT活性

② 对POD活性的影响　受到干旱胁迫的两个处理组water stress S.30days＋T.和water stress CK的POD活性均整体表现为上升的趋势（图5-10）。在试验开始时water stress S.30days＋T.处理组POD活性一直上升，在第20d上升至最高，为8.3U/(g·s)。water stress CK处理组在第25d上升至最高，为7.22U/(g·s)。与CAT结果相似，water stress CK处理组在第15d出现POD活性下降，但water stress S.30days＋T.并没有出现这类现象。control S.30days＋T.和control CK两个处理组在整个过程当中，POD活性总体表现较为平缓，但control S.30days＋T.的POD活性始终高于control CK处理组。

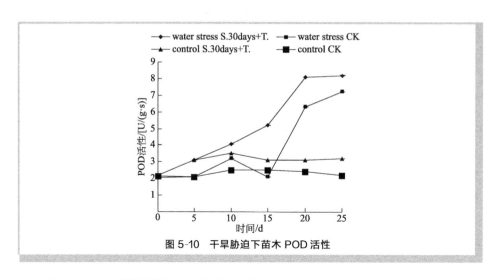

图 5-10 干旱胁迫下苗木 POD 活性

③ 对 SOD 活性的影响 受到干旱胁迫的 water stress S. 30days＋T. 和 water stress CK 的 SOD 活性均出现了明显的变化（图 5-11）。其中 water stress S. 30days＋T. 处理组出现先下降再升高最后降低的趋势，在第 15d 上升到最高点，为 255U/(g·s)。water stress CK 表现出下降的趋势，在第 25d 降到最低点，为 231U/(g·s)。其他两个处理组表现较为平稳，与前面相同，各处理组在第 10～15d 均有不同程度的下降。但 water stress S. 30days＋T. 的 SOD 恢复能力较 control CK 要强很多，前者在下降后升高到最高，而后者在下降后平缓变化，最后随着胁迫程度的加深，苗木生长势受到影响，酶活降到最低。

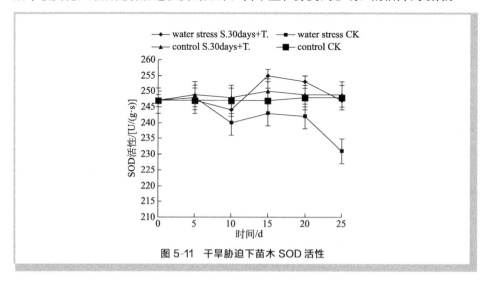

图 5-11 干旱胁迫下苗木 SOD 活性

（4）干旱胁迫对苗木丙二醛（MDA）的影响　由图 5-12 可以看出，在受到干旱胁迫的 water stress S. 30days＋T. 和 water stress CK 的苗木 MDA 含量均呈先上升后下降的趋势，而 control S. 30days＋T. 和 control CK 处理组由于未受到胁迫，故 MDA 含量基本保持不变。其中 water stress CK 的 MDA 含量变化最为明显，在第 10d 时，water stress CK 处理组的 MDA 含量上升至最大，为 0.19nmol/mg。water stress S. 30days＋T. 处理组虽然也受到胁迫，但 MDA 上升并不明显，显著低于 water stress CK 处理组，且变化趋势基本一致。说明，"体系"对干旱胁迫具有较好的耐受性，MDA 的积累程度远远低于未接种的苗木。

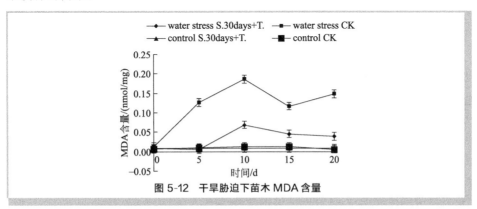

图 5-12　干旱胁迫下苗木 MDA 含量

（5）干旱胁迫对苗木游离脯氨酸含量的影响　由图 5-13 可以看出，在受到干旱胁迫的 water stress S. 30days＋T. 和 water stress CK 的苗木游离脯氨酸含量均呈上升的趋势，但上升的幅度有不同。water stress CK 的苗木游离脯氨酸含量上升幅度较大，趋势较为明显，而 water stress S. 30days＋T. 处理组苗木游离脯氨酸含量上升幅度远远低于 water stress CK 处理组。而另外两个处理组游离脯氨酸含量基本保持平缓，含量变化不大。

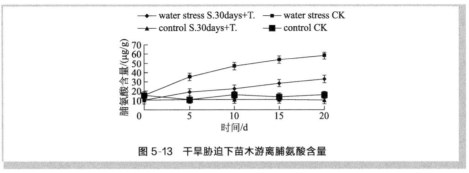

图 5-13　干旱胁迫下苗木游离脯氨酸含量

5.2.3
小结

体系耐旱性结果表明，所构建的"樟子松-褐环乳牛肝菌-绿木霉"体系具有良好的耐旱性，可以有效提高苗木对干旱胁迫的耐受性。

5.3
褐环乳牛肝菌与绿木霉耐盐碱性研究

5.3.1
材料与方法

（1）**试验菌株**　同"5.1.1"相关内容。

（2）**试验培养基**

① 基础培养基为 PDA 和 PD 培养基。

② 不同盐浓度培养基：NaCl 浓度分别设置为 0.1mol/L、0.2mol/L、0.3mol/L、0.4mol/L、0.5mol/L、0.6mol/L、0.7mol/L 和 0.8mol/L，Na_2SO_4 和 $NaHCO_3$ 浓度分别设置为 0.1mol/L、0.2mol/L、0.3mol/L、0.4mol/L 和 0.5mol/L。

③ 不同盐浓度 PDA 平板培养基　将高压湿热灭菌（121℃，20 min）PDA 培养基晾至 45℃左右时，加相应量的盐制成不同浓度盐含量的 PDA 培养基后倒平板。

④ 不同盐浓度 PD 培养基　将 PD 培养基分装 250mL 的三角瓶内，每瓶 100mL，高压湿热灭菌（121℃，20min）。待培养基凉后，加相应量的盐制成不同浓度盐含量的 PD 培养基。

（3）**相关指标的测定**

① 菌株生长的观察　用直径 10mm 的无菌打孔器切取活化的 *S. luteus* 和 *T. virens* 菌落，分别接种于不同盐分浓度的 PDA 平板培养基中心，置于 25℃

恒温箱内培养 30d（S. luteus）和 5d（T. virens）。以不含盐 PDA 平板培养作为空白对照。每个处理 3 次重复。每隔 5d（S. luteus）和 8h（T. virens）用十字交叉法测量菌落直径。

② 盐胁迫下菌株生物量的测定　在不同盐浓度的 PD 培养基中，每瓶接入直径 10mm 的菌饼 2 片，置于恒温摇床（25℃，100r/min）上培养。以不含盐的 PD 培养作为空白对照。每个处理 3 次重复。分别培养 30d（S. luteus）和 5d（T. virens）后将培养液中的菌丝体过滤用去离子水冲洗，置于 80℃烘箱烘至恒重，干燥器内冷却后用 AL204 型电子天平称菌丝体干重。

③ 盐胁迫下菌株营养代谢的测定　碳和磷是菌丝生长代谢所必需的营养元素，发酵液中的碳和磷含量可反映菌株生长及代谢有关情况。以初始灭菌 PD 培养基中碳和磷含量为 100%，计算各个处理 30d（S. luteus）和 5d（T. virens）内碳和磷的相对消耗量。发酵液碳含量通过可溶性糖含量来反映，测定采用蒽酮比色法；磷含量测定采用钼锑抗比色法。

（4）数据统计　运用 Excel 2003 进行菌株生长曲线非线性拟合，其中 y 代表菌落直径，x 代表培养时间。运用 SPSS 软件对试验数据进行统计分析，用 Excel 2003 软件作图，图中数据至少为 3 次重复的平均值±标准差（SE），并采用单因素方差分析。

5.3.2
结果与分析

（1）盐碱胁迫对 S. luteus 和 T. virens 生长模式的影响

① NaCl 胁迫对 S. luteus 和 T. virens 生长模式的影响

a. S. luteus 在各 NaCl 浓度培养基中生长均接近 "J" 形曲线（图 5-14，图 5-15，表 5-2）。在接种后 5d，除 0.6mol/L、0.7mol/L 和 0.8mol/L 处理组外，其他各组处理 S. luteus 均进入到指数生长期。试验结束时，所有菌株均未长满平板。菌落直径与 NaCl 浓度呈负相关，在中轻度 NaCl 胁迫下（$C_{NaCl} \leqslant 0.4mol/L$），T. virens 生长受抑制较小。$C_{NaCl} > 0.4mol/L$ 时，菌丝生长受到抑制程度较大，在 $C_{NaCl} > 0.5mol/L$ 时，菌丝生长基本停止。非线性拟合方程结果显示，各类型曲线 $R^2 > 0.9$，说明生长结果可信度较高。

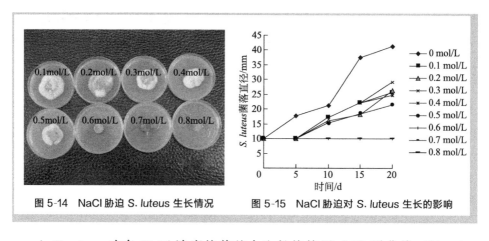

图 5-14　NaCl 胁迫 *S. luteus* 生长情况　　　　图 5-15　NaCl 胁迫对 *S. luteus* 生长的影响

　　b. *T. virens* 在各 NaCl 浓度培养基中生长均接近 "S" 形曲线 (图 5-16，图 5-17，表 5-3)。在接种后 8h，各组处理 *T. virens* 均进入到指数生长期。其中，盐度小于 0.5mol/L 的处理组在接种后 56h 之内长满平板，长满平板所用时间依次是 $t_{CK} < t_{0.1} < t_{0.2} = t_{0.3} < t_{0.4}$，表明在中轻度 NaCl 胁迫下 ($C_{NaCl} \leqslant$ 0.4mol/L)，T43 生长受抑制较小。0.5mol/L 处理组在试验结束时长满平板。0.6mol/L、0.7mol/L 和 0.8mol/L 处理组没有长满平板，说明偏重度 NaCl 胁迫下，*T. virens* 生长速率受到抑制，菌落形态也受到影响，表现较为稀疏。其菌落直径分别为 65.5mm、54mm 和 43.5mm，表明菌株生长明显受到 NaCl 的抑制。非线性拟合方程结果显示，各类型曲线 $R^2 > 0.9$，说明生长结果可信度较高。

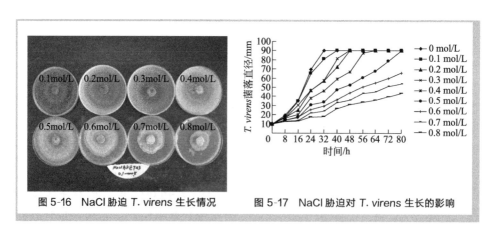

图 5-16　NaCl 胁迫 *T. virens* 生长情况　　　　图 5-17　NaCl 胁迫对 *T. virens* 生长的影响

表 5-2　NaCl 胁迫 *S. luteus* 菌株的生长模式

NaCl 浓度	*S. luteus* 的生长模式	R^2
0mol/L(CK)	$y = -1.7646x^4 + 20.479x^3 - 80.86x^2 + 133.4x - 61.25$	0.99
0.1mol/L	$y = 0.4063x^4 - 5.6042x^3 + 27.044x^2 - 47.996x + 36.16$	0.99
0.2mol/L	$y = 0.833x^4 - 10.025x^3 + 42.392x^2 - 69.5x + 46.3$	0.99
0.3mol/L	$y = 0.5854x^4 - 7.45x^3 + 33.64x^2 - 57.579x + 40.8$	0.99
0.4mol/L	$y = 0.37x^4 - 5.2667x^3 + 25.929x^2 - 46.483x + 35.45$	0.99
0.5mol/L	$y = 0.4396x^4 - 5.7042x^3 + 25.935x^2 - 44.471x + 33.8$	0.99

表 5-3　NaCl 胁迫 *T. virens* 菌株的生长模式

NaCl 浓度	*T. virens* 的生长模式	R^2
0mol/L(CK)	$y = -0.0246x^5 + 0.8236x^4 - 10.053x^3 + 52.504x^2 - 93.95x + 61.61$	0.99
0.1mol/L	$y = -0.0185x^5 + 0.637x^4 - 8.0162x^3 + 43.157x^2 - 77.742x + 52.48$	0.99
0.2mol/L	$y = 0.00617x^5 - 0.1476x^4 + 0.7647x^3 + 1.2248x^2 - 0.0636x + 8.1571$	0.99
0.3mol/L	$y = 0.0067x^5 - 0.1551x^4 + 0.925x^3 + 0.3141x^2 + 0.7303x + 8.2545$	0.99
0.4mol/L	$y = 0.009x^5 - 0.0305x^4 + 0.2014x^3 + 0.8224x^2 + 2.04x + 6.9085$	0.99
0.5mol/L	$y = -0.0007x^5 + 0.0426x^4 - 0.7563x^3 + 5.6832x^2 - 9.7458x + 15.153$	0.99
0.6mol/L	$y = 0.0021x^5 - 0.0602x^4 + 0.5603x^3 - 1.7978x^2 + 6.1643x + 5.007$	0.99
0.7mol/L	$y = 0.0017x^5 - 0.045x^4 + 0.3655x^3 - 0.608x^2 + 1.8537x + 8.6689$	0.99
0.8mol/L	$y = 0.005x^5 - 0.1444x^4 + 1.4771x^3 - 6.1872x^2 + 12.579x + 2.4327$	0.99

② Na_2SO_4 胁迫对 *S. luteus* 和 *T. virens* 生长模式的影响

a. *S. luteus* 在各 Na_2SO_4 浓度培养基中生长情况见图 5-18、图 5-19 和表 5-4。在整个过程中，菌株生长基本呈"J"形曲线增长，但自始至终 *S. luteus* 都未长满平板。在接种 5d 后，CK、0.1mol/L、0.2mol/L 和 0.3mol/L 处理组几乎同时进入指数生长期，并在试验结束时先后长至菌落最大，从图 5-19 可以看出，*S. luteus* 的生长速率与 Na_2SO_4 浓度呈负相关。随着胁迫程度的加深，*S. luteus* 的生长速率也受到相应的抑制，在 $C_{Na_2SO_4} \geqslant 0.4$mol/L 条件下，菌株基本停止生长，实验时间结束时（20d），菌落未长满平板。在 20d 时，CK 的菌落直径最大，为 41.25mm；0.3mol/L 的菌落直径最小，为 19.5mm，二者差异显著（$P \leqslant 0.05$）。该结果表明，轻中度 Na_2SO_4 胁迫（$C_{Na_2SO_4} \leqslant 0.2$mol/L）

对 *S. luteus* 生长影响不大，偏重度 Na_2SO_4 胁迫对 N94 生长具明显的抑制作用，同时影响菌落形态。非线性拟合方程结果显示，各类型曲线 $R^2 > 0.9$，说明生长结果可信度较高。

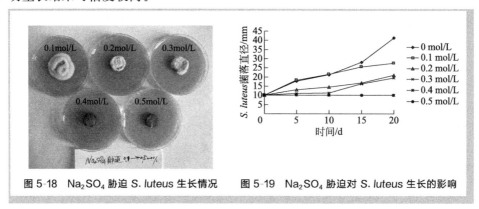

图 5-18　Na_2SO_4 胁迫 *S. luteus* 生长情况　　图 5-19　Na_2SO_4 胁迫对 *S. luteus* 生长的影响

表 5-4　Na_2SO_4 胁迫 *S. luteus* 菌株的生长模式

Na_2SO_4 浓度	*S. luteus* 的生长模式	R^2
0mol/L(CK)	$y = -0.1813x^4 + 3.0625x^3 - 15.944x^2 + 36.813x - 13.75$	0.99
0.1mol/L	$y = -0.4083x^4 + 5.15x^3 - 23.317x^2 + 48.325x - 19.75$	0.99
0.2mol/L	$y = -0.05x^4 + 0.8833x^3 - 4.8x^2 + 11.967x + 2$	0.99
0.3mol/L	$y = -0.4542x^4 + 5.375x^3 - 21.196x^2 + 33.775x - 7.5$	0.99

b. *T. virens* 在各 Na_2SO_4 浓度培养基中生长情况见图 5-20、图 5-21 和表 5-5。在 $C_{Na_2SO_4} \leqslant 0.2mol/L$ 时，菌株生长基本呈 "S" 形曲线增长，在 $C_{Na_2SO_4} \geqslant 0.3mol/L$ 条件下，菌落生长基本呈 "J" 形曲线增长。在接种 8h 后，CK、0.1mol/L 和 0.2mol/L 处理组几乎同时进入指数生长期，并在 40～56h 先后长满平板，其时间先后顺序为 $t_{CK} < t_{0.1} < t_{0.2}$。随着胁迫程度的加深，在 $C_{Na_2SO_4} \geqslant 0.3mol/L$ 条件下，菌株在接种 16h 以后，逐渐开始进入指数生长期，实验时间结束时（80h），菌落未长满平板。在 80h 时，0.3mol/L 和 0.4mol/L 处理组的菌落直径分别为 52mm 和 46mm，二者差异不显著（$P > 0.05$）。在重度 Na_2SO_4 胁迫下（$C_{Na_2SO_4} \geqslant 0.4mol/L$），菌落直径为 37mm。该结果表明，轻中度 Na_2SO_4 胁迫（$C_{Na_2SO_4} \leqslant 0.2mol/L$）对 *T. virens* 生长几乎无影响，偏重度 Na_2SO_4 胁迫对绿木霉 T43 生长具明显的抑制作用，同时影响菌落形态。非线性拟合方程结果显示，各类型曲线 $R^2 > 0.9$，说明生长结果可信度较高。

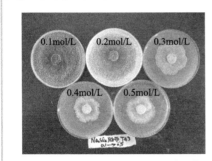
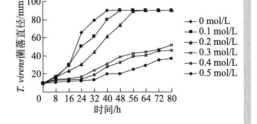

图 5-20　Na₂SO₄ 胁迫 T. virens 生长情况　　图 5-21　Na₂SO₄ 胁迫对 T. virens 生长的影响

表 5-5　Na₂SO₄ 胁迫 T. virens 菌株的生长模式

Na₂SO₄ 浓度	T. virens 的生长模式	R^2
0mol/L(CK)	$y=-0.0185x^5+0.6427x^4-8.1974x^3+44.94x^2-84.127x+57.628$	0.99
0.1mol/L	$y=0.0021x^5-0.0092x^4-0.7309x^3+8.133-12.634x^2+15.234x+15.234$	0.99
0.2mol/L	$y=0.0132x^5-0.3944x^4+4.0576x^3-16.773x^2+34.744x-11.895$	0.99
0.3mol/L	$y=0.0106x^5-0.3114x^4+3.2319x^3-14.085x^2+27.88x-6.588$	0.99
0.4mol/L	$y=0.0068x^5-0.2087x^4+2.2606x^3-10.043x^2+19.823x-1.6856$	0.99
0.5mol/L	$y=-0.0014x^5+0.0322x^4-0.2576x^3+1.0915x^2-1.3219x+10.591$	0.99

③ NaHCO₃ 胁迫对 S. luteus 和 T. virens 生长模式的影响

a. S. luteus 生长受到 NaHCO₃ 的严重抑制（图 5-22，图 5-23，表 5-6）。除 CK 和 0.1mol/L 处理组外，其他各处理组几乎没有生长，在胁迫程度最轻的 0.1mol/L 处理组，培养 20d 时 S. luteus 菌落直径最大为 31mm。该结果表明，S. luteus 不适宜在偏碱性的环境中生长。非线性拟合方程结果显示，各类型曲线 $R^2>0.9$，说明生长结果可信度较高。

b. T. virens 生长受到 NaHCO₃ 的严重抑制（图 5-24，图 5-25，表 5-6）。除 CK 和 0.1mol/L 外，其他各处理组生长均缓慢，其中 0.4mol/L 和 0.5mol/L 处理组几乎没有生长，在胁迫程度最轻的 0.1mol/L 处理组，培养 80h 时 T. virens 菌落直径最大为 25.4mm。该结果表明，T. virens 不适宜在偏碱性的环境中生长。非线性拟合方程结果显示，各类型曲线 $R^2>0.9$，说明生长结果可信度较高。

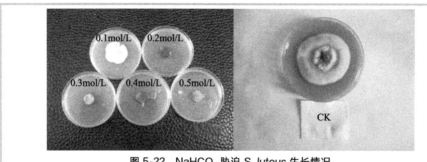

图 5-22　NaHCO₃ 胁迫 S. luteus 生长情况

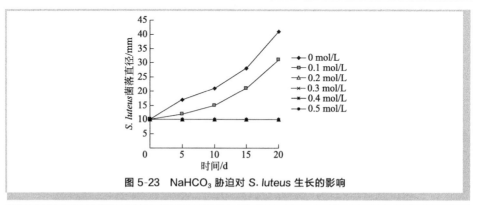

图 5-23　NaHCO₃ 胁迫对 S. luteus 生长的影响

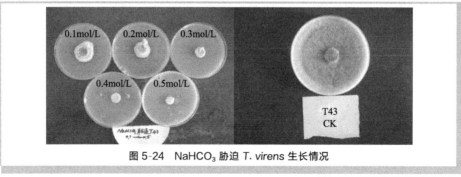

图 5-24　NaHCO₃ 胁迫 T. virens 生长情况

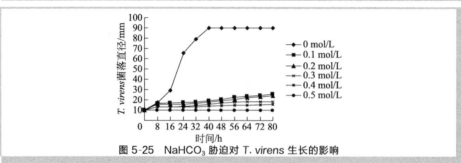

图 5-25　NaHCO₃ 胁迫对 T. virens 生长的影响

绿木霉和樟子松
外生菌根互作研究

表 5-6　$NaHCO_3$ 胁迫 *S. luteus* 和 *T. virens* 菌株的生长模式

	$NaHCO_3$ 浓度	生长模式	R^2
N94	0mol/L(CK)	$y=0.57x^3-5.6786x^2+18.571x-3.6$	0.99
	0.1mol/L	$y=0.25x^3-0.8929x^2+2.857x+7.8$	0.99
T43	0mol/L(CK)	$y=0.0878x^4-2.125x^3+15.535x^2-24x+19.159$	0.98
	0.1mol/L	$y=-0.0139x^4+0.3576x^3-3.12x^2+11.76x+1.55$	0.98

（2）盐碱胁迫对 S. luteus 和 T. virens 生物量的影响

① NaCl 胁迫对 *S. luteus* 生物量的影响　菌株生物量与 NaCl 浓度呈负相关（图 5-26）。在 NaCl 胁迫下，*S. luteus* 生物量与 CK 相比存在显著差异（$P<$ 0.05）。在中轻度 NaCl 胁迫下 （$C_{NaCl}≤0.4mol/L$），*S. luteus* 生长受到一定程度的影响，生物量与 CK 相比低 6.2%～57%，其中 0.1～0.2mol/L NaCl 浓度下，*S. luteus* 生物量下降幅度不大，与 CK 相比低 6.2%～10.8%，说明在中轻度 NaCl 胁迫条件下，*S. luteus* 生长所受影响不大，但是菌丝形态受到严重影响。这与固体培养试验结果相吻合。重度胁迫下 （$C_{NaCl}>0.4mol/L$），*S. luteus* 生长受到抑制，生物量较低，NaCl 浓度＞0.5mol/L 时，菌株基本停止生长。

② NaCl 胁迫对 *T. virens* 生物量的影响　不同浓度 NaCl 对 *T. virens* 生物量有较为显著的影响，在 $C_{NaCl}>0.1mol/L$ *T. virens* 生物量与 NaCl 浓度呈负相关 （图 5-27）。值得注意的是，低浓度的 NaCl （0.1mol/L）可以促进 *T. virens* 的生长 （比 CK 高 26%），这与相关报道相符。在 NaCl 胁迫下，*T. virens* 生物量与 CK 相比存在显著差异 （$P<0.05$）。在中轻度 NaCl 胁迫下 （$C_{NaCl}≤$ 0.4mol/L），*T. virens* 生物量与 CK 相比低 32%，其中 0.2～0.4mol/L NaCl 浓度下，*T. virens* 生物量缓慢下降，说明在中轻度 NaCl 胁迫条件下，*T. virens* 生长所受影响不大，但是菌丝形态受到严重影响。这与固体培养试验结果相吻合。重度胁迫下 （$C_{NaCl}>0.4mol/L$），*T. virens* 生长受到抑制，生物量较低，NaCl 浓度 0.8mol/L 时，菌株生物量为 0.1g/150mL，菌株基本停止生长。

③ Na_2SO_4 胁迫对 *S. luteus* 生物量的影响　不同浓度 Na_2SO_4 对 *S. luteus* 生物量有较为显著的影响，*S. luteus* 生物量与 Na_2SO_4 浓度呈负相关（图 5-28）。中轻度胁迫下 *S. luteus* 生物量与重度胁迫下 *S. luteus* 生物量之间存在着显著差异（$P<0.05$）。在中轻度 Na_2SO_4 胁迫下（$C_{Na_2SO_4}≤0.2mol/L$），*S. luteus* 生长受抑制程度较低，培养 20d 后，生物量为 0.55g/150mL 和 0.31g/150mL，比对照组低 15.4%～52.3%，说明在中轻度的 Na_2SO_4 胁迫条件下，*S. luteus* 生长所受抑制

很小。随着胁迫程度的加深（$C_{Na_2SO_4} > 0.2mol/L$），$S.luteus$ 生物量下降速率加快。在 Na_2SO_4 浓度为 $0.4 \sim 0.5mol/L$ 条件下，$S.luteus$ 生物量低于 $0.1g/150mL$。$S.luteus$ 生长受到了严重的抑制，生长停止。

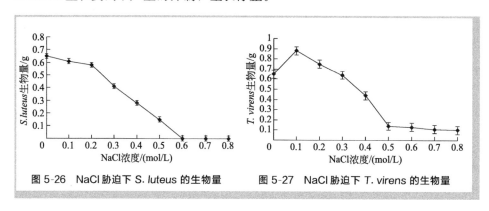

图 5-26　NaCl 胁迫下 $S.luteus$ 的生物量　　　　图 5-27　NaCl 胁迫下 $T.virens$ 的生物量

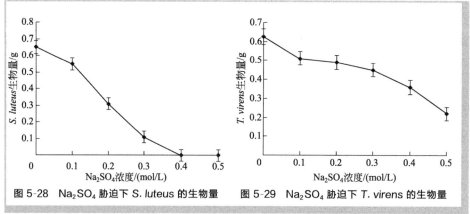

图 5-28　Na_2SO_4 胁迫下 $S.luteus$ 的生物量　　图 5-29　Na_2SO_4 胁迫下 $T.virens$ 的生物量

④ Na_2SO_4 胁迫对 $T.virens$ 生物量的影响　　不同浓度 Na_2SO_4 对 $T.virens$ 生物量有较为显著的影响，$T.virens$ 生物量与 Na_2SO_4 浓度呈负相关（图 5-29）。中轻度胁迫下菌株生物量与重度胁迫下菌株生物量之间存在着显著差异（$P<0.05$）。在中轻度 Na_2SO_4 胁迫下（$C_{Na_2SO_4} \leqslant 0.2mol/L$），$T.virens$ 生长受抑制程度较低，培养 5d 后，生物量为 $0.49g/150mL$ 和 $0.51g/150mL$，比对照组低 $19\% \sim 22\%$，说明在中轻度的 Na_2SO_4 胁迫条件下，$T.virens$ 生长所受抑制很小，几乎不影响其生长。随着胁迫程度的加深（$C_{Na_2SO_4} > 0.2mol/L$），$T.virens$ 生物量下降速率加快。在 Na_2SO_4 浓度为 $0.5mol/L$ 条件下，$T.virens$ 生物量为 $0.22g/150mL$，比对照低 65%。

⑤ $NaHCO_3$ 胁迫对 $S.luteus$ 生物量的影响　　各浓度 $NaHCO_3$ 对 $S.luteus$

生长有着明显的抑制作用（图 5-30）。在 $NaHCO_3$ 胁迫下，$S.luteus$ 几乎停止生长，只有 0.1mol/L 处理组有缓慢的生长。各处理组生物量与对照组存在极显著差异（$P<0.01$）。说明 $S.luteus$ 在碱性环境下生长受到严重的抑制，该结果与平板培养结果一致。

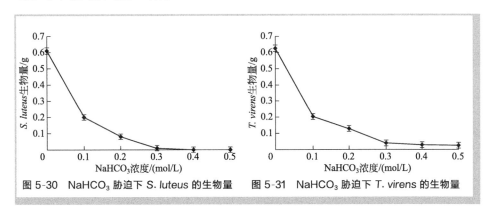

图 5-30　$NaHCO_3$ 胁迫下 S.luteus 的生物量　　　图 5-31　$NaHCO_3$ 胁迫下 T.virens 的生物量

⑥ $NaHCO_3$ 胁迫对 $T.virens$ 生物量的影响　各浓度 $NaHCO_3$ 对 $T.virens$ 生长有着明显的抑制作用（图 5-31）。在 $NaHCO_3$ 胁迫下，$T.virens$ 几乎停止生长，只有 0.1mol/L 处理组有缓慢的生长。各处理组生物量与对照组存在极显著差异（$P<0.01$）。说明 $T.virens$ 在碱性环境下生长受到严重的抑制，该结果与平板培养结果一致。

（3）盐碱胁迫对 S.luteus 和 T.virens 碳利用的影响

① NaCl 胁迫对 $S.luteus$ 碳利用的影响　$S.luteus$ 的碳相对利用率随着 NaCl 胁迫程度的加重呈下降趋势（图 5-32）。在 $C_{NaCl} \leqslant 0.3mol/L$ 时，$S.luteus$ 的碳元素相对利用率受盐胁迫影响较低。当 $C_{NaCl} > 0.4mol/L$ 时，菌株的碳相对利用率快速下降，当 $C_{NaCl} = 0.8mol/L$ 时，碳相对利用率接近 0，此时菌株几乎停止生长。结果表明，轻度 NaCl 胁迫（$C_{NaCl} \leqslant 0.2mol/L$）对 $S.luteus$ 碳利用影响不大，重度 NaCl 胁迫严重影响 $S.luteus$ 对碳的利用。

② NaCl 胁迫对 $T.virens$ 碳利用的影响　$T.virens$ 的碳相对利用率随着 NaCl 胁迫程度的加重呈下降趋势（图 5-33）。在 $C_{NaCl} \leqslant 0.1mol/L$ 时，菌株的碳元素相对利用率受盐胁迫影响较低。当 $C_{NaCl} > 0.2mol/L$ 时，菌株的碳相对利用率快速下降，当 $C_{NaCl} = 0.8mol/L$ 时，碳相对利用率接近 0，此时菌株几乎停止生长。结果表明，轻度 NaCl 胁迫（$C_{NaCl} \leqslant 0.1mol/L$）对 $T.virens$ 碳利用影响不大，重度 NaCl 胁迫严重影响 $T.virens$ 对碳的利用。

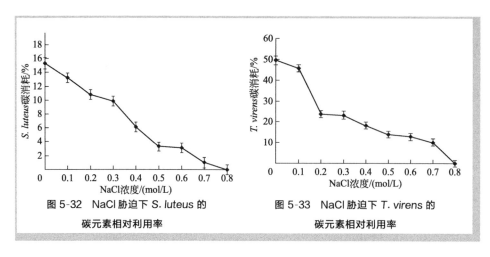

图 5-32　NaCl 胁迫下 *S. luteus* 的
碳元素相对利用率

图 5-33　NaCl 胁迫下 *T. virens* 的
碳元素相对利用率

③ Na₂SO₄ 胁迫对 *S. luteus* 碳利用的影响　*S. luteus* 的碳相对利用率随着 Na₂SO₄ 胁迫程度的加重呈下降趋势（图 5-34）。在中轻度 Na₂SO₄ 胁迫下（$C_{Na_2SO_4} \leqslant 0.2mol/L$），*S. luteus* 对碳的利用率较高。Na₂SO₄ 浓度 0.1mol/L 和 0.2mol/L 时，菌株对碳的相对利用率比对照组低 7.7%～28.4%。说明中轻度 Na₂SO₄ 对 *S. luteus* 对碳吸收影响不大。当 $C_{Na_2SO_4} > 0.2mol/L$ 时，菌株对碳的利用快速下降，当 $C_{Na_2SO_4} = 0.8mol/L$ 时，菌株的碳元素相对利用率为 1%，生长接近停止。

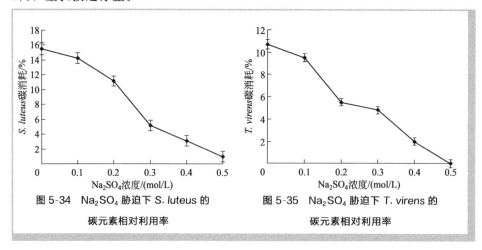

图 5-34　Na₂SO₄ 胁迫下 *S. luteus* 的
碳元素相对利用率

图 5-35　Na₂SO₄ 胁迫下 *T. virens* 的
碳元素相对利用率

④ Na₂SO₄ 胁迫对 *T. virens* 碳利用率的影响　*T. virens* 的碳相对利用率随着 Na₂SO₄ 胁迫程度的加重呈下降趋势（图 5-35）。在中轻度 Na₂SO₄ 胁迫下（$C_{Na_2SO_4} \leqslant 0.2mol/L$），*T. virens* 对碳的利用率较高。Na₂SO₄ 浓度 0.1mol/L

和 0.2mol/L 时，菌株对碳的相对利用率比对照组低 11.2%～48.6%。说明中轻度 Na_2SO_4 对 *T. virens* 对碳吸收影响不大。当 $C_{Na_2SO_4}>0.2mol/L$ 时，菌株对碳的利用快速下降，当 $C_{Na_2SO_4}=0.8mol/L$ 时，菌株的碳元素相对利用率下降至 0。

⑤ $NaHCO_3$ 胁迫对 *S. luteus* 碳利用的影响　各浓度 $NaHCO_3$ 胁迫下，*S. luteus* 的碳相对利用率均很低（图 5-36），均与对照组存在极显著差异（$P<$ 0.01）。在中轻度 $NaHCO_3$ 胁迫下（$C_{NaHCO_3}\leqslant0.2mol/L$），*S. luteus* 即表现出重度碱胁迫的生长特征，对碳的相对利用率很低。$NaHCO_3$ 浓度在 0.1～0.2mol/L 时，*S. luteus* 对碳的相对利用率为 0.8%～2.5%，结果说明 $NaHCO_3$ 对 *S. luteus* 生长影响很大，影响菌株对碳的利用。当浓度≥0.3mol/L 时，菌株的碳元素相对利用率为几乎为 0。

⑥ $NaHCO_3$ 胁迫对 *T. virens* 碳利用率的影响　各浓度 $NaHCO_3$ 胁迫下，*T. virens* 的碳相对利用率均很低（图 5-37），均与对照组存在极显著差异（$P<$ 0.01）。在中轻度 $NaHCO_3$ 胁迫下（$C_{NaHCO_3}\leqslant0.2mol/L$），菌株即表现出重度碱胁迫的生长特征，对碳的相对利用率很低。$NaHCO_3$ 浓度在 0.1～0.2mol/L 时，*T. virens* 对碳的相对利用率为 1%～3.6%。结果说明 $NaHCO_3$ 对 *T. virens* 生长影响很大，影响菌株对碳的利用。

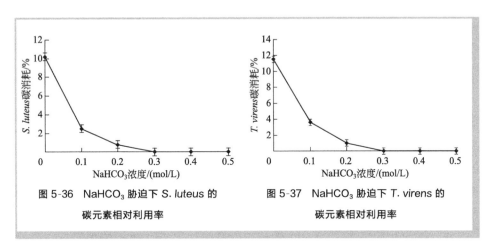

图 5-36　$NaHCO_3$ 胁迫下 *S. luteus* 的
碳元素相对利用率

图 5-37　$NaHCO_3$ 胁迫下 *T. virens* 的
碳元素相对利用率

（4）盐碱胁迫对 S. luteus 和 T. virens 磷利用的影响

① $NaCl$ 胁迫对 *S. luteus* 磷利用的影响　*S. luteus* 的磷相对利用率随着胁迫程度的加重呈下降趋势（图 5-38）。在中轻度 $NaCl$ 胁迫下（$C_{NaCl}\leqslant0.4mol/L$），*S. luteus* 的磷利用率相对较高，$C_{NaCl}\leqslant0.3mol/L$ 时，菌丝的磷元素相对利用率比对照组低 3.2%～22.2%，说明中轻度 $NaCl$ 胁迫对 *S. luteus* 磷元素的利

用率有一定的影响。当 $C_{NaCl}>0.4mol/L$ 时，菌株的磷元素相对利用率快速下降，当 $C_{NaCl}=0.7mol/L$ 和 $0.8mol/L$ 时，$S.luteus$ 的磷元素相对利用率降低至 0，菌丝生长受到抑制。

② NaCl 胁迫对 $T.virens$ 磷利用的影响　$T.virens$ 的磷相对利用率随着胁迫程度的加重呈下降趋势（图 5-39）。在中轻度 NaCl 胁迫下（$C_{NaCl}\leqslant0.4mol/L$），菌株的磷利用率相对较高，说明中轻度 NaCl 胁迫对 $T.virens$ 磷元素的利用率有一定的影响，但受害程度要大于 $S.luteus$。当 $C_{NaCl}>0.4mol/L$ 时，$T.virens$ 对磷元素相对利用率快速下降，当 $C_{NaCl}=0.7mol/L$ 和 $0.8mol/L$ 时，$T.virens$ 的磷元素相对利用率降低至 0，菌丝生长受到抑制。

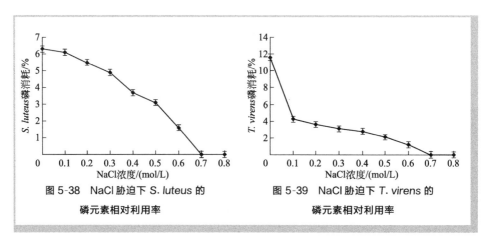

图 5-38　NaCl 胁迫下 S. *luteus* 的
磷元素相对利用率

图 5-39　NaCl 胁迫下 T. *virens* 的
磷元素相对利用率

③ Na_2SO_4 胁迫对 $S.luteus$ 磷利用的影响　$S.luteus$ 的磷相对利用率随着胁迫程度的加重呈下降趋势（图 5-40）。在中轻度 Na_2SO_4 胁迫下（CNa_2SO_4 $\leqslant0.2mol/L$），$S.luteus$ 对磷利用率相对较高，Na_2SO_4 浓度在 $0.1mol/L$ 和 $0.2mol/L$ 时，菌丝的磷元素相对利用率比对照组低 $20\%\sim26.7\%$。说明 Na_2SO_4 影响 $S.luteus$ 对磷元素的利用。当 $C_{Na_2SO_4}>0.2mol/L$ 时，菌丝体的磷元素相对利用率快速下降，当 $C_{Na_2SO_4}=0.5mol/L$ 时，菌株的磷元素相对利用率最低，为 0。

④ Na_2SO_4 胁迫对 $T.virens$ 磷利用的影响　$T.virens$ 的磷相对利用率随着胁迫程度的加重呈下降趋势（图 5-41）。在中轻度 Na_2SO_4 胁迫下（$C_{Na_2SO_4}\leqslant$ $0.2mol/L$），菌株的磷利用率相对较高，Na_2SO_4 浓度在 $0.1mol/L$ 和 $0.2mol/L$ 时，菌丝的磷元素相对利用率比对照组低 $12.3\%\sim30.8\%$。说明 Na_2SO_4 影响 $T.virens$ 对磷元素的利用。当 $C_{Na_2SO_4}>0.2mol/L$ 时，菌丝体的磷元素相对利用率快速下降，当 $C_{Na_2SO_4}=0.5mol/L$ 时，菌株的磷元素相对利用率为 0。

⑤ NaHCO₃ 胁迫对 S.luteus 磷利用的影响 各浓度 NaHCO₃ 胁迫下，*S.luteus* 的磷元素相对利用率均很低（图 5-42），与对照组相比差异极显著（$P<0.01$）。在中轻度 NaHCO₃ 胁迫下（$C_{NaHCO_3} \leqslant 0.3mol/L$），*S.luteus* 即表现出了重度碱胁迫的生长特征，对磷元素的相对利用率很低。NaHCO₃ 浓度在 0.1mol/L 时，菌株的磷元素相对利用率比对照组低 81.5%，说明 NaHCO₃ 胁迫影响 *S.luteus* 对磷的利用，但 *S.luteus* 在轻度碱性环境下依然可以存活。当 NaHCO₃ 浓度为 0.4mol/L 和 0.5mol/L 时，菌株的磷元素相对利用率为 0，菌株生长接近停止。上述结果表明，*S.luteus* 对碱性条件较为敏感。在重度碱胁迫下，*S.luteus* 几乎不能利用磷。

⑥ NaHCO₃ 胁迫对 T.virens 磷利用的影响 各浓度 NaHCO₃ 胁迫下，*T.virens* 的磷元素相对利用率均很低（图 5-43），与对照组相比差异极显著（$P<0.01$）。NaHCO₃ 浓度在 0.1~0.2mol/L 时，*T.virens* 的磷元素相对利

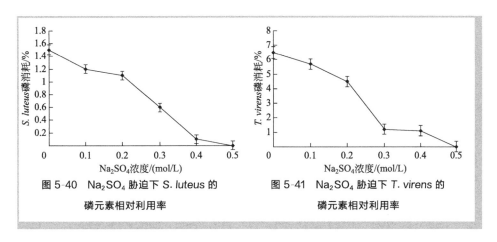

图 5-40 Na₂SO₄ 胁迫下 *S.luteus* 的
磷元素相对利用率

图 5-41 Na₂SO₄ 胁迫下 *T.virens* 的
磷元素相对利用率

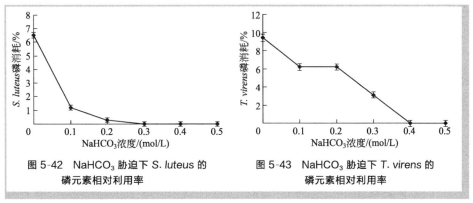

图 5-42 NaHCO₃ 胁迫下 *S.luteus* 的
磷元素相对利用率

图 5-43 NaHCO₃ 胁迫下 *T.virens* 的
磷元素相对利用率

用率比对照组低 34%，各处理之间无显著性差异（$P > 0.05$）。当 $NaHCO_3$ 浓度为 0.4mol/L 和 0.5mol/L 时，菌株的磷元素相对利用率为 0，菌株生长接近停止。上述结果表明，*T. virens* 对碱性条件较为敏感。在重度碱胁迫下，菌株几乎不能利用磷。

5.3.3
小结

通过 *S. luteus* 和 *T. virens* 在不同程度盐碱胁迫下的生长和营养代谢的变化研究得出以下结论。

（1）*S. luteus* 和 *T. virens* 对 $NaCl$ 和 Na_2SO_4 表现出较好的耐盐性，在 $NaCl$ 不超过 0.4mol/L，Na_2SO_4 不超过 0.2mol/L 时，菌株生长及营养代谢受抑制程度较低。

（2）*S. luteus* 和 *T. virens* 对 $NaHCO_3$ 胁迫较为敏感，两种菌株可以有限度地在碱性环境下生长。

基于此，选择 $C_{NaCl} = 0.2mol/L$、$C_{Na_2SO_4} = 0.2mol/L$ 和 $C_{NaHCO_3} = 0.1mol/L$ 进行后续研究。

5.4
"樟子松-褐环乳牛肝菌-绿木霉"体系耐盐碱性研究

5.4.1
材料与方法

（1）**试验菌株** 同 "5.1.1" 相关内容。

（2）**前期准备工作** 同 "3.1.1" 相关内容。

（3）**试验设计** 在出苗 1 个月后，进行 *S. luteus* 和 *T. virens* 的接种处

理，设置两种处理方式：

处理 1：先接种 *S. luteus*，30d 后再接种 *T. virens* （S. 30days＋T.）；

处理 2：接种无菌 PD 培养液（control）。

接种方式及相关操作同"3.1.1"。每处理组 20 盆，共 40 盆。

（4）盐碱胁迫试验 在各处理菌根侵染率均达到 60％时，进行 *T. virens* 接种。接种 *T. virens* 后 1 个月，进行盐胁迫处理。将 40 盆苗一次性浇透水，将各处理分成两组，每组 20 盆（其中每个处理组 10 盆）。将其中一组进行正常管理，另一组进行施盐处理，其中 NaCl 设置 0.1mol/kg 和 0.2mol/kg 两个浓度梯度，Na_2SO_4 设置 0.1mol/kg 和 0.2mol/kg 两个浓度梯度，$NaHCO_3$ 设置 0.1mol/kg 1 个浓度梯度。从浇水（施盐）之日起每 5d 取样一次，共取样 4 次，试验周期 15d（试验开始当天取样 1 次）。

（5）相关指标的测定

苗木可溶性蛋白含量测定：同"3.1.1"相关内容。

苗木可溶性糖含量测定：同"3.1.1"相关内容。

苗木抗氧化酶活性测定：同"3.1.1"相关内容。

苗木丙二醛（MDA）含量测定：同"3.1.1"相关内容。

苗木游离脯氨酸含量测定：同"3.1.1"相关内容。

苗木叶片细胞电导率测定：采用电导仪测定。

5.4.2
结果与分析

（1）盐碱胁迫对"体系"苗木可溶性蛋白含量的影响

① NaCl 胁迫 从图 5-44 可以看出，在 0.1mol/kg 和 0.2mol/kg 浓度的 NaCl 胁迫下，S. 30days ＋ T. 处理组的可溶性蛋白含量均有不同程度的上升现象，大致趋势均为先上升后下降。两个处理组在胁迫开始后的第 10d 可溶性蛋白含量分别上升至最高，其中，0.2mol/kg NaCl S. 30days＋T. 处理组在第 10d 可溶性蛋白含量最高，为 29.3µg/g，比试验开始时的含量高 45.7％。其次为 0.1mol/kg NaCl S. 30days ＋ T. 处理组，该组可溶性蛋白含量的最高值亦出现在试验开始后的第 10d，为 21.7µg/g，比试验开始时的含量高 26.7％。其他处理组可溶性蛋白含量没有表现出明显的起

伏，其中施盐对照在试验开始第5d出现蛋白含量的上升，随后下降并平稳。其原因可能是苗木受到盐的胁迫，细胞受到破坏，代谢功能出现异常。而S. 30days + T. 处理组苗木的抗性整体得到加强，使得苗木在受到外界胁迫的时候能够产生可溶性蛋白等细胞渗透调节物质来抵御外界的不良环境。

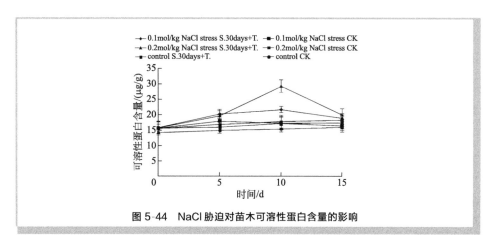

图 5-44　NaCl 胁迫对苗木可溶性蛋白含量的影响

② Na$_2$SO$_4$ 胁迫　与 NaCl 相比，Na$_2$SO$_4$ 为典型的二价盐，因此在理论上，同等浓度的 Na$_2$SO$_4$ 对苗木胁迫程度应重于 NaCl。如图 5-45 所示，与 NaCl 处理组相比，Na$_2$SO$_4$ 处理组对苗木可溶性蛋白含量的影响与其不同，但也有些相似之处。首先，0.2mol/kg Na$_2$SO$_4$ 处理组蛋白含量是一直升高，在试验结束时（第 15d）上升至最高，为 20.8μg/g。0.1mol/kg Na$_2$SO$_4$ 处理组蛋白含量是先升高后下降，这点与前面 NaCl 试验的结果相似。总体来看，Na$_2$SO$_4$ 处理组苗木在可溶性蛋白方面的变化不是十分的明显，但能初步得出判断，在偏重度盐胁迫条件下，S. 30days + T. 这种接种处理方式能够有效地提高樟子松苗木的抗逆性和成活率，通过渗透调节物质的合成来抵御外界不良环境。

③ NaHCO$_3$ 胁迫　由于 NaHCO$_3$ 是碱性盐，因此苗木在试验开始的时候即表现出受害的症状，在第 5d 后出现叶片萎蔫等现象。可能是细胞代谢功能受到影响的缘故，各处理苗木可溶性蛋白含量与正常盐分相比没有明显的变化。如图 5-46 所示，在试验开始时，接种处理组可溶性蛋白含量均出现微弱的上升，在第 10d 时又回落，总体起伏不大。

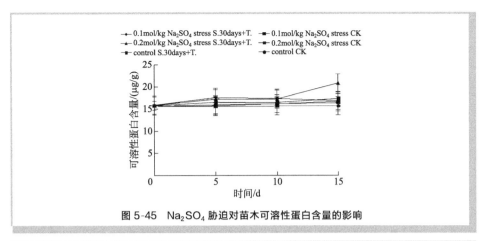

图 5-45　Na_2SO_4 胁迫对苗木可溶性蛋白含量的影响

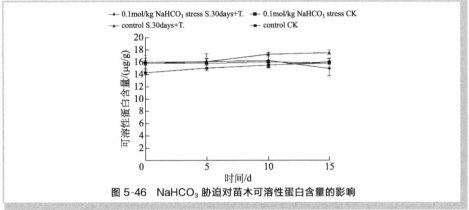

图 5-46　$NaHCO_3$ 胁迫对苗木可溶性蛋白含量的影响

（2）盐碱胁迫对"体系"苗木可溶性糖含量的影响

① NaCl 胁迫　如图 5-47 所示，无论是 0.1mol/kg 还是 0.2mol/kg 浓度的 NaCl 胁迫下，S.30days ＋ T. 处理组的可溶性糖含量均有不同程度的上升现象，大致趋势均为先上升后下降。其中 0.2mol/kg 浓度 S.30days ＋ T. 处理组的可溶性糖含量在试验开始后的第 10d 时上升至最高，为 206.3μg/g。不同的是，0.1mol/kg 浓度 S.30days ＋ T. 处理组在试验开始后第 5d 上升至最高，为 177.4μg/g。两种处理组的可溶性糖含量在上升至最高之后下降至与试验开始时大致相当的水平。未接种处理组的可溶性糖含量在试验开始时呈缓慢上升的趋势，但上升幅度不大，可能是苗木受到盐害，细胞产生渗透调节物质，但代谢缓慢，致使糖含量上升缓慢。空白对照处理组的糖含量，在整个试验过程当中基本没有变化，原因是苗木并未受到外界环境的胁迫，属于正常生长，所以没有较大的变化。

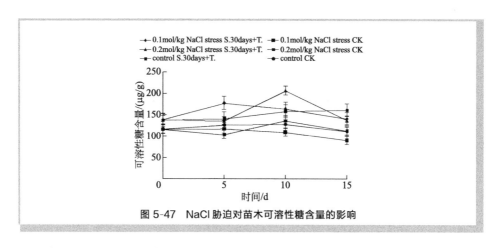

图 5-47 NaCl 胁迫对苗木可溶性糖含量的影响

② Na₂SO₄ 胁迫　如图 5-48 所示，与 NaCl 胁迫略有不同的是，Na₂SO₄ 胁迫下，S.30days ＋ T.处理组的可溶性糖含量均呈不同程度的上升，其中 0.2mol/kg 浓度 S.30days ＋ T.处理组上升的幅度最大。在试验结束时，糖含量上升到最高，为 253μg/g，比试验开始时高 45.6％。0.1mol/kg 浓度 S.30days ＋ T.处理组可溶性糖含量也是上升趋势，但上升幅度没有 0.2mol/kg 浓度大，在试验开始后第 10d 上升至最高，为 213.4μg/g，比试验开始时高 35.5％，随后变化趋势趋于平缓。空白对照处理组可溶性糖含量在整个试验的过程中的变化起伏不大，基本没有变化，原因应该与前面相同，就是苗木处于正常生长条件下，没有受到外界不良环境的影响。从上述结果可以看出，苗木所受 Na₂SO₄ 胁迫程度要大于 NaCl 胁迫。渗透调节物质的含量应该是与苗木所受胁迫程度呈正相关。

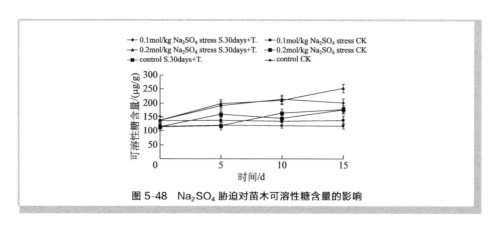

图 5-48　Na₂SO₄ 胁迫对苗木可溶性糖含量的影响

③ NaHCO₃ 胁迫　如图 5-49 所示，苗木在碱胁迫条件下，与其他处理组相比，S. 30days ＋ T. 处理组表现出良好的对胁迫的耐受性。试验开始的第 1d，接种 S. 30days ＋ T. 处理组可溶性糖含量上升至最高，为 226.3μg/g，比试验开始时高 39.1%。该结果与前面可溶性蛋白含量的结果相比，其结果比较类似，都是含量上升。前面菌株的平板试验结果表明，碱性盐对生物细胞的胁迫程度要高于中性盐，这种结果同样体现在苗木试验当中。在低浓度的中性盐胁迫下，苗木细胞渗透调节物质的变化是在某一时间节点出现峰值而后下降，或下降至最低或下降至试验开始水平。而在偏重度胁迫条件下，细胞渗透调节物质，都是呈上升趋势，或急或缓，整体上升，使得植物体增加更多的渗透调节物质，抵御环境胁迫。

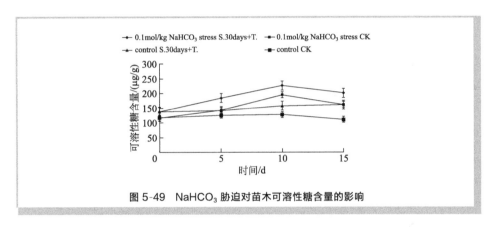

图 5-49　NaHCO₃ 胁迫对苗木可溶性糖含量的影响

（3）对苗木 CAT 活力的影响

① NaCl 胁迫　在两种浓度的 NaCl 胁迫下，各处理组苗木 CAT 活力水平表现出了不同的变化趋势（图 5-50）。其中 S. 30days ＋ T. 处理组 CAT 活力水平表现出了明显的先升高后下降的变化趋势。S. 30days ＋ T. 处理组在 0.1mol/kg 和 0.2mol/kg 浓度的 NaCl 胁迫下在不同时间段出现 CAT 峰值。0.1mol/kg S. 30days ＋ T. 处理组在试验开始后第 10d CAT 活力上升至最高水平，为 1.84U/(g·s)，比试验开始时高 76.6%。不同的是，0.2mol/kg S. 30days ＋ T. 处理组在试验开始后第 5d CAT 活力上升至最高水平，为 1.95U/(g·s)，比试验开始时高 77.4%。0.1mol/kg 和 0.2mol/kg 浓度的 CK 组 CAT 活力在试验开始后即表现出下降的趋势，其中下降最为明显的是 0.2mol/kg 浓度的 CK 组苗木，CAT 活力由试验开始时的 0.25U/(g·s) 下降到结束时的 0.05U/(g·s)。空白对照组在整个试验过程中 CAT 活力水平表现得较为平缓，没有较大的上升或下降。

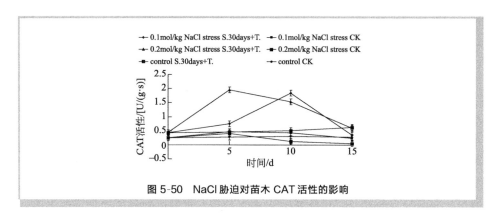

图 5-50　NaCl 胁迫对苗木 CAT 活性的影响

② Na₂SO₄ 胁迫　在两种浓度的 Na$_2$SO$_4$ 胁迫下，各处理组苗木 CAT 活力水平表现出了不同的变化趋势（图 5-51）。其中 S.30days ＋ T. 处理组 CAT 活力水平表现出了明显的先升高后下降的变化趋势。而 0.1mol/kg Na$_2$SO$_4$ CK 处理组 CAT 活力为上升趋势。S.30days ＋ T. 处理组在 0.1mol/kg 和 0.2mol/kg 浓度的 Na$_2$SO$_4$ 胁迫下于不同时间段出现 CAT 峰值。0.1mol/kg S.30days ＋ T. 处理组在试验开始后第 5d CAT 活力上升至最高水平，为 2.62U/(g·s)，比试验开始时高 57％。不同的是，0.2mol/kg S.30days ＋ T. 处理组在试验开始后第 10d CAT 活力上升至最高水平，为 3.3U/(g.s)，比试验开始时高 66％。0.2mol/kg 浓度的 CK 组 CAT 活力在试验开始后即表现出下降的趋势，CAT 活力由试验开始时的 1.08U/(g.s) 下降到结束时的 0.15U/(g.s)，两种施盐对照组的变化趋势不同，甚至是相反，具体原因有待于进一步研究。空白对照组在整个试验过程中 CAT 活力水平表现得较为平缓，没有较大的上升或下降。

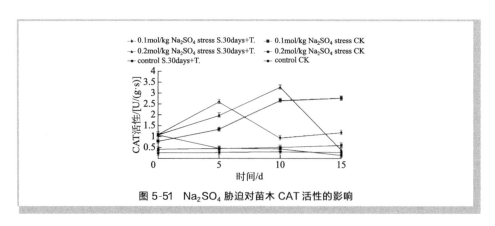

图 5-51　Na₂SO₄ 胁迫对苗木 CAT 活性的影响

③ NaHCO₃ 胁迫　在 0.1mol/kg NaHCO₃ 胁迫下，各处理组苗木 CAT 活力水平表现出了不同的变化趋势（图 5-52）。其中 S.30days ＋ T.处理组 CAT 活力水平表现出了明显的先升高后下降的变化趋势。S.30days ＋ T.处理组在试验开始后第 10d CAT 活力上升至最高水平，为 2.5U/(g·s)，比试验开始时高 80%。不同的是，0.1mol/kg 浓度的 CK 组 CAT 活力在试验开始后即表现出先下降后升高的趋势，CAT 活力由试验开始时的 0.8U/(g·s) 在第 5d 下降到最低点的 0.36U/(g·s)，然后升高，在第 15d 上升到最高，为 1.26U/(g·s)。空白对照组在整个试验过程中 CAT 活力水平表现得较为平缓，没有较大的上升或下降。

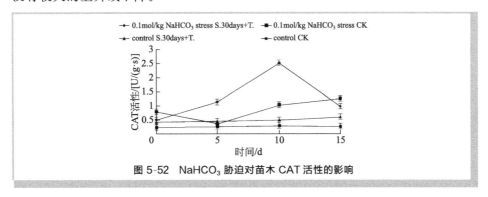

图 5-52　NaHCO₃ 胁迫对苗木 CAT 活性的影响

（4）对苗木 POD 活力的影响

① NaCl 胁迫　在两种浓度的 NaCl 胁迫下，各处理组苗木 POD 活力水平表现出了不同的变化趋势（图 5-53）。其中 S.30days ＋ T.处理组 POD 活力水平表现出了明显的先升高后下降的变化趋势。S.30days ＋ T.处理组在 0.1mol/kg 和 0.2mol/kg 浓度的 NaCl 胁迫下表现出不同时间段的 POD 峰值并且二者的现象也不是十分相同。0.2mol/kg S.30days ＋ T.处理组在试验开始后 5d 表现较为平缓，并无较大的起伏，而在第 10d 左右 POD 活力陡然上升，并且上升至最高水平，为 27.8U/(g·s)，比试验开始时高 85.6%。不同的是，0.1mol/kg 接种 S.30days ＋ T.处理组在试验开始后第 5d POD 活力上升至较高水平，为 36.8U/(g·s)，比试验开始时高 89.1%，此结果一直维持到第 10d，POD 活力较第 5d 基本持平，此后 POD 活力开始下降。0.1mol/kg 和 0.2mol/kg 浓度的 CK 组 POD 活力在试验开始后也表现出先上升后下降的趋势，但变化的幅度明显低于接种处理组。空白对照组在整个试验过程中 POD 活力水平表现得较为平缓，没有较大的上升或下降。

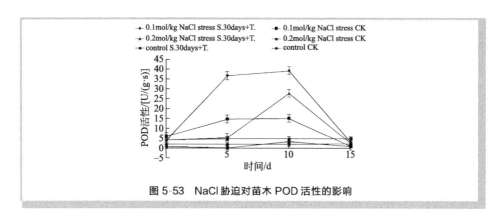

图 5-53 NaCl 胁迫对苗木 POD 活性的影响

② Na$_2$SO$_4$ 胁迫　在两种浓度的 Na$_2$SO$_4$ 胁迫下，各处理组苗木 POD 活力水平表现出了不同的变化趋势（图 5-54）。其中接种 S.30days ＋ T. 处理组 POD活力水平表现出了明显的升高趋势。0.1mol/kg Na$_2$SO$_4$ S. 30days ＋ T. 处理组在试验开始后的第 10d 上升至最大值，为 7.64U/(g·s)，比试验开始时高 42.5％，但苗木 POD 活力水平在试验的前 5d 并没有很大的起伏，而是平缓变化而后快速上升。不同的是，0.2mol/kg S. 30days ＋ T. 处理组在试验开始后 POD 活力水平便开始上升，至第 10d 上升至最高水平，为 7.7U/(g·s)，比试验开始时高42.9％，此后并没有下降，而是平缓的变化。0.1mol/kg 和 0.2mol/kg Na$_2$SO$_4$CK 处理组 POD 活力为下降趋势，这两个处理组在试验开始后即表现出下降的趋势，其中 0.1mol/kg Na$_2$SO$_4$ CK 处理组 POD 活力下降最为明显，由试验开始时的 3.67U/(g·s) 下降到结束时的 1.02U/(g·S)，0.2mol/kg Na$_2$SO$_4$ CK 处理组POD 活力下降不及前者迅速，且活力水平高于前者。空白对照组在整个试验过程中 POD 活力水平表现得较为平缓，没有较大的上升或下降。

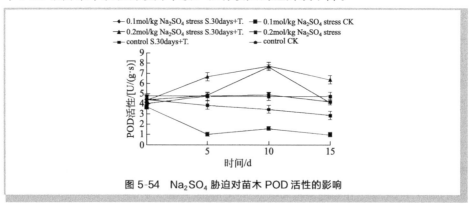

图 5-54　Na$_2$SO$_4$ 胁迫对苗木 POD 活性的影响

③ NaHCO₃ 胁迫 在 0.1mol/kg NaHCO₃ 胁迫下，各处理组苗木 POD 活力水平表现出了不同的变化趋势（图 5-55）。其中 S. 30days ＋ T. 处理组 POD 活力水平表现出了明显的先升高后下降的变化趋势。S. 30days ＋ T. 处理组在试验开始后第 10d POD 活力上升至最高水平，为 9.9U/（g・s），比试验开始时高 56％。不同的是，0.1mol/kg CK 组 POD 活力在试验开始后即表现出先下降后升高的趋势，POD 活力由试验开始时的 4.9U/（g・s）在第 10d 下降到最低点的 1.7U/（g・s），然后升高，在第 15d 上升到最高，为 4.5U/（g・s）。空白对照组在整个试验过程中 POD 活力水平表现得较为平缓，没有较大的上升或下降。

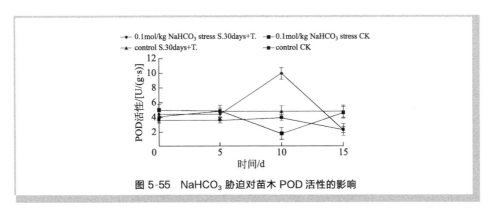

图 5-55 NaHCO₃ 胁迫对苗木 POD 活性的影响

（5）对苗木 SOD 活力的影响

① NaCl 胁迫 在两种浓度的 NaCl 胁迫下，各处理组苗木 SOD 活力水平表现出了不同的变化趋势（图 5-56）。其中所有施盐处理组 SOD 活力水平均表现出了明显的先升高后下降的变化趋势。S. 30days ＋ T. 处理组在 0.1mol/kg 和 0.2mol/kg 浓度的 NaCl 胁迫下表现出不同时间段的 SOD 峰值，并且二者的现象并不完全相同。0.1mol/kg S. 30days ＋ T. 处理组在试验开始后第 5d SOD 活力上升至最高水平，为 199U/（g・s），比试验开始时高 18.6％，之后略有下降，但幅度不大。0.2mol/kg S. 30days ＋ T. 处理组在试验开始后第 5d 出现峰值，但值低于 0.1mol/kg S. 30days ＋ T. 处理组。空白对照组在整个试验过程中 SOD 活力水平表现得较为平缓，没有较大的上升或下降。

② Na₂SO₄ 胁迫 在两种浓度的 Na₂SO₄ 胁迫下，各处理组苗木 SOD 活力水平表现出了不同的变化趋势（图 5-57）。其中 S. 30days ＋ T. 处理组 SOD 活力水平表现出了明显的升高趋势，变化近似波动规律。0.1mol/kg Na₂SO₄ S. 30days ＋ T. 处理组和 CK 在试验开始后的第 10d 上升至最大值，分别为

283U/(g·s) 和 258U/(g·s)，比试验开始时分别高 42.8% 和 42.6%。不同的是，0.2mol/kg S.30days＋T.处理组 CK 在试验开始后 SOD 活力水平便开始下降，至第 10d 下降至最低水平，为 37U/(g·s)，此后恢复至接近开始水平。空白对照组在整个试验过程中 POD 活力水平表现得较为平缓，没有较大的上升或下降。

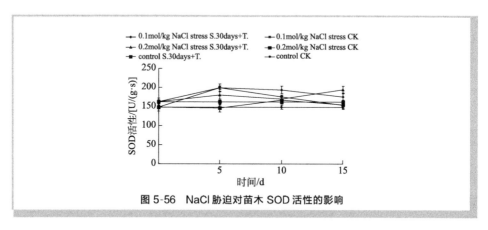

图 5-56　NaCl 胁迫对苗木 SOD 活性的影响

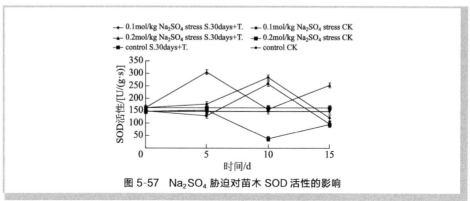

图 5-57　Na₂SO₄ 胁迫对苗木 SOD 活性的影响

③ NaHCO₃ 胁迫　在 0.1mol/kg NaHCO₃ 胁迫下，各处理组苗木 SOD 活力水平表现出了不同的变化趋势（图 5-58）。其中 S.30days＋T.处理组 SOD 活力水平表现出了先升高后下降的变化趋势。S.30days＋T.处理组在试验开始后第 10d SOD 活力上升至最高水平，为 188U/(g·s)，比试验开始时高 21.3%。0.1mol/kg 浓度的 CK 组 SOD 活力在试验开始后也表现出先下降后升高的趋势，SOD 活力在第 10d 上升到最高点但低于 S.30days＋T.处理组。空白对照组在整个试验过程中 SOD 活力水平表现得较为平缓，没有较大的上升或下降。

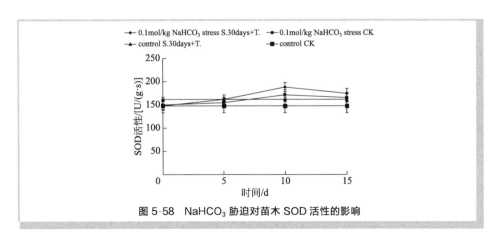

图 5-58 NaHCO₃ 胁迫对苗木 SOD 活性的影响

（6）盐碱胁迫对"体系"苗木 MDA 含量的影响

① NaCl 胁迫 受到施盐 NaCl 胁迫的各处理组 MDA 都有不同程度的上升，但上升的幅度有不同（图 5-59）。其中 0.1mol/kg CK 组 MDA 含量上升的幅度最大，从试验开始 MDA 含量即开始上升，在整个过程当中呈波动上升趋势，在试验结束时（第 15d），上升至最高，为 0.08nmol/mg。而 0.1mol/kg S.30days ＋ T. 处理组亦在第 15d 上升至最高，为 0.06nmol/mg，比 0.1mol/kg CK 组低 12.5%。0.2mol/kg CK 组 MDA 含量在第 10d 上升至最高，为 0.08nmol/mg，随后下降，在第 15d 回落到 0.06nmol/mg。0.2mol/kg S.30days ＋ T. 处理组在试验开始后一直呈上升趋势，在试验第 15d 上升至最高，为 0.06nmol/mg。空白对照组由于在整个试验过程中没有受到逆境胁迫，因此 MDA 含量表现得较为平缓，没有较大的上升或下降。

② Na₂SO₄ 胁迫 受到施盐 Na₂SO₄ 胁迫的各处理组 MDA 都有不同程度的上升，但上升的幅度有不同（图 5-60）。其中 0.1mol/kg 和 0.2mol/kg CK 组 MDA 含量上升的幅度最大，从试验开始 MDA 含量即开始上升，在试验结束时（第 15d），上升至最高，分别为 0.1nmol/mg 和 0.07nmol/mg。而 S.30days ＋ T. 处理组也有 MDA 升高的趋势，但升高的幅度明显低于 CK 组。空白对照组由于在整个试验过程中没有受到逆境胁迫，因此 MDA 含量表现得较为平缓，没有较大的上升或下降。

③ NaHCO₃ 胁迫 受到施盐 NaHCO₃ 胁迫的各处理组 MDA 都有不同程度的上升，且呈先上升后下降的趋势（图 5-61）。其中 0.1mol/kg 浓度的 CK 组 MDA 含量上升的幅度最大，从试验开始 MDA 含量即开始上升，在第 5d 上

升至最高，为 0.02nmol/mg，此后一直维持这一水平，在试验结束时（第15d），大致回落至试验开始时，此时 MDA 含量为 0.01nmol/mg。而 S. 30days + T. 处理组也有 MDA 升高的趋势，但升高的幅度明显低于 CK 组，该处理组依然是在第 5d 上升至最高，为 0.013nmol/mg，此后缓慢回落，试验结束时回落至 0.01nmol/mg。空白对照组由于在整个试验过程中没有受到逆境胁迫，因此 MDA 含量表现得较为平缓，没有较大的上升或下降。

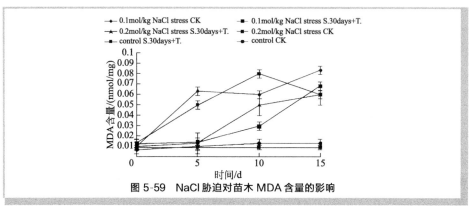

图 5-59　NaCl 胁迫对苗木 MDA 含量的影响

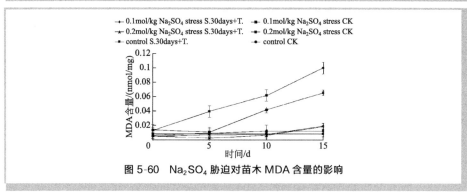

图 5-60　Na_2SO_4 胁迫对苗木 MDA 含量的影响

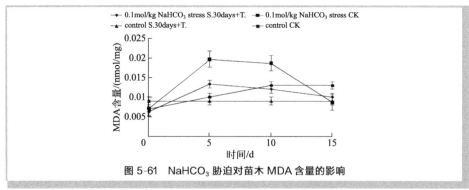

图 5-61　$NaHCO_3$ 胁迫对苗木 MDA 含量的影响

绿木霉和樟子松
外生菌根互作研究

（7）盐碱胁迫对"体系"苗木脯氨酸含量的影响

① NaCl 胁迫　受到施盐 NaCl 胁迫的各处理组游离脯氨酸（Pro）含量都有不同程度的上升或下降，但变化的幅度有所不同（图 5-62）。其中 0.2mol/kg 浓度的 CK 组 Pro 含量上升的幅度最大，从试验开始 Pro 含量即开始上升，在整个过程当中呈先上升后下降趋势，在试验第 5d，上升至最高，为 19μg/g。而 0.1mol/kg S. 30days ＋ T. 处理组和 0.1mol/kg CK 组均在第 10d 上升至最高，分别为 11.2μg/g 和 11.5μg/g。0.2mol/kg 的接种处理组 Pro 含量在整个试验过程中呈下降趋势。空白对照组由于在整个试验过程中没有受到逆境胁迫，因此 Pro 含量表现得较为平稳，没有较大的上升或下降。

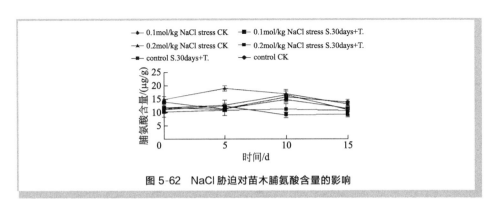

图 5-62　NaCl 胁迫对苗木脯氨酸含量的影响

② Na₂SO₄ 胁迫　受到施盐 Na₂SO₄ 胁迫的各处理组游离脯氨酸（Pro）都有不同程度的上升或下降，但变化的幅度有不同（图 5-63）。其中 0.2mol/kg 浓度的 CK 组 Pro 含量上升的幅度最大，从试验开始 Pro 含量即开始上升，在整个过程当中呈先上升后下降趋势，在试验第 5d，上升至最高，为 20.1μg/g。0.1mol/kg S. 30days ＋ T. 处理组在第 5d 上升至最高，为 17μg/g，此后缓慢下降。0.1mol/kg CK 组在第 15d 上升至最高，为 20.4μg/g。0.2mol/kg 的接种处理组 Pro 含量在整个试验过程中呈先升高后下降趋势，可能是苗木受胁迫程度较重，因此 Pro 含量均较高。空白对照组由于在整个试验过程中没有受到逆境胁迫，因此 Pro 含量表现得较为平稳，没有较大的上升或下降。

③ NaHCO₃ 胁迫　受到施盐 NaHCO₃ 胁迫的各处理组 Pro 含量都呈波动变化的趋势（图 5-64）。其中 0.1mol/kg CK 组的 Pro 含量上升的幅度最大，从试验开始 Pro 含量即开始上升，在第 15d 上升至最高，为 15μg/g。而 S. 30days ＋ T. 处理组也有 Pro 升高的趋势，但升高的幅度明显低于 CK 组，

该处理组依然是在第 5d 上升至最高，为 12.8μg/g，此后缓慢回落，试验结束时回落至 9.4μg/g。空白对照组由于在整个试验过程中没有受到逆境胁迫，因此 Pro 含量表现得较为平稳，没有较大的上升或下降。

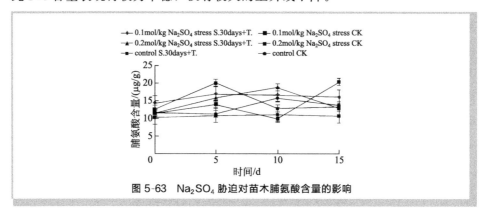

图 5-63　Na$_2$SO$_4$ 胁迫对苗木脯氨酸含量的影响

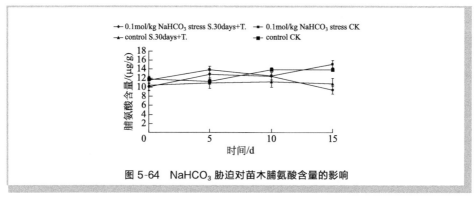

图 5-64　NaHCO$_3$ 胁迫对苗木脯氨酸含量的影响

（8）盐碱胁迫对"体系"苗木针叶细胞电导率的影响

① NaCl 胁迫　受到施盐 NaCl 胁迫的各处理组电导率都有不同程度的上升，但变化的趋势有所不同（图 5-65）。其中 0.2mol/kg CK 组电导率变化的幅度最大，从试验开始即开始上升，在整个过程当中呈先上升后下降趋势，在试验第 5d，上升至最高，为 1537μS/cm。S.30days ＋ T. 处理组电导率虽有升高，但升高的幅度均不大，其中升高幅度最大的是 0.1mol/kg CK 组，试验结束时升至最高，为 1560μS/cm。从以上结果可以看出，未接种的施盐处理组，苗木受害程度要远远大于接种处理组。空白对照组由于在整个试验过程中没有受到逆境胁迫，因此电导率表现得较为平稳，没有较大的上升或下降。

② Na$_2$SO$_4$ 胁迫　受到施盐 Na$_2$SO$_4$ 胁迫的各处理组电导率都有不同程度的上升，但变化的趋势有所不同（图 5-66）。其中 0.1mol/kg 和 0.2mol/kg CK

组电导率变化的幅度最大，从试验开始即开始上升，在整个过程当中呈先上升后下降趋势，在试验第10d，上升至最高，分别为$550\mu S/cm$和$665\mu S/cm$。S. 30days + T. 处理组电导率虽有升高，但升高的幅度均不及CK组。从以上结果可以看出，未接种的施盐处理组，苗木受害程度要远远大于接种处理组。空白对照组由于在整个试验过程中没有受到逆境胁迫，因此电导率表现得较为平稳，没有较大的上升或下降。

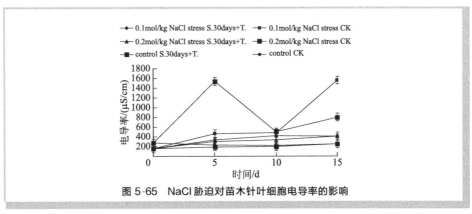

图5-65　NaCl胁迫对苗木针叶细胞电导率的影响

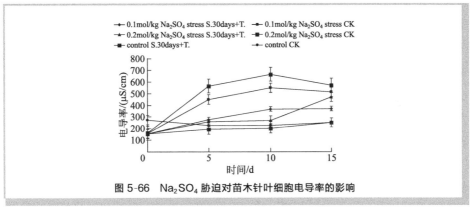

图5-66　Na_2SO_4胁迫对苗木针叶细胞电导率的影响

③ $NaHCO_3$胁迫　受到施盐$NaHCO_3$胁迫的各处理组电导率都有不同程度的上升，但变化的幅度有不同（图5-67）。其中0.1mol/kg CK组电导率变化的幅度最大，从试验开始即开始上升，在整个过程当中呈先上升后下降趋势，在试验第15d，上升至最高，为$360\mu S/cm$。S. 30days + T. 处理组电导率虽有升高，但升高的幅度均不及CK组。从以上结果可以看出，未接种的施盐处理组，苗木受害程度要远远大于接种处理组。空白对照组由于在整个试验过程中没有受到逆境胁迫，因此电导率表现得较为平稳，没有较大的上升或下降。

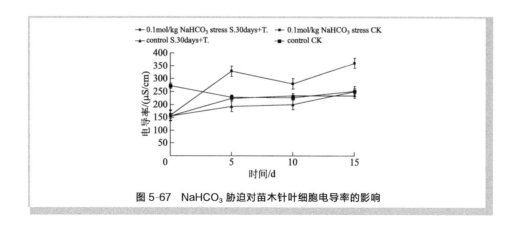

图 5-67 NaHCO₃ 胁迫对苗木针叶细胞电导率的影响

5.4.3
小结

"樟子松-褐环乳牛肝菌-绿木霉"体系具有良好的耐盐碱胁迫能力，可以有效提高苗木的抗氧化能力，提高苗木渗透条件物质的含量，降低苗木细胞的受害程度。

在自然环境下，盐碱胁迫是复杂多变的。植物体内最初的生理响应是渗透调节，包括两个过程：大量积累无机离子和合成可溶性有机渗透调节物质。通过本研究，可以看出，我们所构建的"体系"在耐盐胁迫方面要优于非接种苗木，无论从渗透调节物质的含量还是抗氧化保护酶的活性，"体系"的各项表现均较理想。

本研究中，凡接种处理组的脯氨酸积累均低于未接种施盐处理组水平，表明接种处理组的受害程度要大大低于未接种施盐处理组，接种处理组的耐盐害水平高于未接种处理苗木。本研究中，在受到盐胁迫的刺激后，苗木基本上都能在很短时间内做出反应，具体表现为抗氧化酶活性升高，细胞渗透调节物质增加等，这一系列的反应具有整体性和协调性。但与此同时，细胞也受到了不同程度的破坏，具体体现在细胞电导率的升高，凡受到盐胁迫的处理组苗木细胞电导率都有不同程度的升高。但是，值得注意的是，接种处理组的电导率一般都要低于未接种的施盐处理组，表明该组的细胞受损程度较低。这也能从一个侧面印证前面的结论。

第6章

复合接种褐环乳牛肝菌与绿木霉对樟子松根际微生态的影响

6.1

材料与方法

6.1.1
试验菌株

绿木霉（*T. virens*）T43 为自以色列引进的菌株。

褐环乳牛肝菌（*S. luteus*）N94 分离自辽宁省阜新市章古台林场樟子松林下。

6.1.2
苗木培养

苗木培养方法及条件参阅"2.2"相关内容。

6.1.3
实验设计

在出苗 1 个月后，进行 *S. luteus* 和 *T. virens* 的接种处理，设置 4 种处理方式：

处理 1：先接种 *S. luteus*，30d 后再接种 *T. virens*（S. 30days＋T.）；

处理 2：只接种 *S. luteus*（S. only）；

处理 3：只接种 *T. virens*（T. only）；

处理 4：接种无菌 PD 培养液（control）。

采取打孔灌根接种的方式，在出苗 30d 左右进行接种。每盆接种 *S. luteus* 菌剂或 *T. virens* 菌剂各 50mL。每个处理 5 次重复。预实验表明，*T. virens* 生长较快，接种后会迅速占领生态位，不利于其他菌生长，因此本研究不设先接种 *T. virens* 再接种 *S. luteus* 的处理方式。

6.1.4
相关指标测定

在大棚中培养苗木，进行 2 年连续根际土（用毛笔轻刷苗木根部，散落下来的土壤即为根际土）取样测定。

土壤过氧化氢酶活性用高锰酸钾容量法；土壤脲酶活性用苯酚-次氯酸钠比色法；土壤磷酸酶活性用磷酸苯二钠比色法；苗木根际土壤微生物数量采用稀释平板法。土壤营养元素选择氮、有效磷和速效钾。氮元素采用凯氏定氮仪测定，有效磷采用钼锑钪比色法，速效钾采用火焰光度计法。

6.1.5
数据处理

所得数据用 SPSS 13.0 进行单因素差异显著性分析（ANOVA，$P = 0.05$），并用平均值±标准差的形式表示，利用 Origin 8.5 绘图。

6.2
结果与分析

6.2.1
苗木根际土壤酶活性

过氧化氢酶方面，复合接种 *S. luteus* 和 *T. virens* 能有效提高苗木根际土壤过氧化氢酶活性（表 6-1）。在第一年生长季结束时，S. 30days＋T. 组土壤过氧化氢酶活性较 control 有部分提升，为 7.8U/(g·s)，比 control 高 30%，且均高于 S. only 和 T. only。到第二年时，过氧化氢酶活性又有提高，提高至 10.3U/(g·s)，比上一年提高 32%（图 6-1A），且除 control 外，各处理年际变化率均达到显著差异水平（$P \leqslant 0.05$）。

脲酶方面，复合接种 *S. luteus* 和 *T. virens* 能有效提高苗木根际脲酶活性（表 6-1）。在第一年生长季结束时，复合接种处理组土壤脲酶活性较 control 有部分提升，为 0.23U/(g·s)，比 control 高 91%，且均高于单接种处理组，但年际变化率却低于单接种 S. only 处理组（图 6-1B）。到第二年时，脲酶活性又有较大幅度的提高，提高至 0.56U/(g·s)，比上一年提高 143%。比本年度 control 高 154%，且除 control 外，各处理年际变化率均达到显著差异水平($P\leqslant 0.05$)。

碱性磷酸酶方面，复合接种 S. luteus 和 T. virens 能有效提高苗木根际土壤碱性磷酸酶活性（表 6-1）。在第一年生长季结束时，接种处理组土壤碱性磷酸酶活性较 control 有较大提升，为 0.15U/(g·s)，比 control 高 114%，且均高于单接种处理组。到第二年时，碱性磷酸酶活性又有较大幅度的提高，提高至 0.38U/(g·s)，比上一年提高 153%（图 6-1C），各处理年际变化率均达到显著差异水平（$P\leqslant 0.05$）。

表 6-1 不同处理对苗木根际土壤酶的影响

处理	过氧化氢酶/[U/(g·s)]		脲酶/[U/(g·s)]		碱性磷酸酶/[U/(g·s)]	
	第一年	第二年	第一年	第二年	第一年	第二年
S. 30days +T.	7.8±0.12a	10.3±0.28a*	0.23±0.03a	0.56±0.14a*	0.15±0.02a	0.38±0.05a*
S. only	6.9±0.15b	8.2±0.19b*	0.16±0.01ab	0.47±0.08ab*	0.12±0.01a	0.28±0.02ab*
T. only	6.5±0.08b	7.6±0.22b*	0.14±0.02ab	0.38±0.05b*	0.09±0.01b	0.22±0.01ab*
control	6.0±0.21c	6.2±0.11c	0.12±0.01b	0.22±0.03c	0.07±0.01b	0.15±0.02b*

注:不同指标为平均值±标准差($n=3$);同一列不同字母表示差异显著($P\leqslant 0.05$);同一行 * 表示同一指标不同年度差异显著($P\leqslant 0.05$)。

6.2.2
苗木根际土壤微生物数量

细菌方面，复合接种 S. luteus 和 T. virens 能有效提高苗木根际细菌数量（表 6-2）。在第一年生长季结束时，接种处理组土壤细菌数量较 control 有较大幅度的提升，为 23×10^8 cfu/g，比 control 高 84%，且均高于单接种处理组。到第二年时，细菌数量又有较大幅度的提高，提高至 58×10^8 cfu/g，比上一年提高 152%（图 6-1D），比当年 control 提高 107%，各处理年际变化率均达到显著差异水平（$P\leqslant 0.05$）。

真菌方面，复合接种 *S. luteus* 和 *T. virens* 能够显著提高苗木根际真菌数量（表2）。在第一年生长季结束时，接种处理组土壤真菌数量较 control 有部分提升，为 4×10^5 cfu/g，比 control 高 53.8%，且均高于单接种处理组。到第二年时，真菌数量又有较大幅度的提高，提高至 10×10^5 cfu/g，比上一年提高 150%（图 6-1E），比当年 control 提高 72.4%。control 处理组真菌数量在这一年中也有一定幅度的提高，一年中提高 123%，各处理年际变化率均达到显著差异水平（$P\leqslant0.05$）。

放线菌方面，复合接种 *S. luteus* 和 *T. virens* 能够显著提高苗木根际放线菌数量（表 6-2）。在第一年生长季结束时，接种处理组土壤放线菌数量较 control 有较大提升，为 5×10^7 cfu/g，比 control 高 108%（图 6-1F），且均高于单接种处理组。到第二年时，放线菌数量又有较大幅度的提高，提高至 11×10^7 cfu/g，比上一年提高 120%，各处理年际变化率均达到显著差异水平（$P\leqslant0.05$）。

表 6-2　不同处理对苗木根际土壤微生物数量的影响

处理	细菌/(10^8 cfu/g)		真菌/(10^5 cfu/g)		放线菌/(10^7 cfu/g)	
	第一年	第二年	第一年	第二年	第一年	第二年
S. 30days +T.	23.0±1.25a	58.0±1.83a*	4.0±0.98a	10.0±1.12a*	5.0±0.32a	11.0±1.32a*
S. only	17.5±1.08b	46.7±1.64b*	3.2±0.73b	8.8±1.26b*	3.8±0.28ab	9.0±1.28b*
T. only	15.3±1.32c	38.6±1.21c*	2.8±0.47c	6.6±1.01c*	3.3±0.52ab	7.2±1.31c*
control	12.5±0.81d	28.0±1.35d*	2.6±0.22c	5.8±1.14d*	2.4±0.41b	6.4±1.18c*

注：不同指标为平均值±标准差（$n=3$）；同一列不同字母表示差异显著（$P\leqslant0.05$）；同一行 * 表示同一指标不同年度差异显著（$P\leqslant0.05$）。

6.2.3
苗木根际土壤养分

土壤氮方面，复合接种 *S. luteus* 和 *T. virens* 能有效影响苗木根际土壤氮元素的含量（表 6-3）。在第一年生长季结束时，复合接种处理组土壤氮含量与 control 相比低 1.1%，为 5.69μg/g。到第二年时，氮元素含量又有下降，下降至 5.55μg/g，比上一年降低 2.5%（图 6-1G）。而 control 处理组氮元素量在第二年中有一定幅度的提高，但各组未达到显著差异水平（$P>0.05$）。有研究表明，紫椴根际土壤氮元素含量与紫椴外生菌根侵染呈负相关，原因可能是菌根的存在增大了植物根系氮元素的吸收能力，造成根际的氮含量降低。本研究结果与文献报道相一致。

土壤有效磷方面，复合接种 *S. luteus* 和 *T. virens* 能显著影响苗木根际土壤有效磷的含量（表 6-3）。在第一年生长季结束时，接种处理组土壤有效磷含量与 control 相比高 10%，为 $0.22\mu g/g$，各组有效磷含量未达到显著差异水平（$P>0.05$），且优于单独接种。到第二年时，有效磷含量又有升高，升高至 $0.28\mu g/g$，比上一年升高 27%。而 control 处理组有效磷含量在第二年中有一定幅度的降低，但降低的幅度并不显著（$P>0.05$）。

土壤速效钾方面，复合接种 *S. luteus* 和 *T. virens* 能显著影响苗木根际土壤速效钾的含量（表 6-3）。在第一年生长季结束时，复合接种处理组土壤速效钾含量与 control 相比高 11.7%，为 $8.6\mu g/g$，且优于单独接种。到第二年时，速效钾含量又有升高，升高至 $8.8\mu g/g$，比上一年升高 2.3%（图 6-1I）。而control 处理组速效钾含量在这一年中也有一定幅度的升高，但升高的幅度不显著（$P>0.05$）。

表 6-3 不同处理对苗木根际土壤养分的影响

处理	土壤氮/($\mu g/g$)		有效磷/($\mu g/g$)		速效钾/($\mu g/g$)	
	第一年	第二年	第一年	第二年	第一年	第二年
S. 30days +T.	5.69±1.11a	5.55±0.09a	0.22±0.02a	0.28±0.01a	8.6±0.09a	8.8±1.12a
S. only	5.71±1.08a	5.46±0.12a	0.20±0.04a	0.21±0.02ab	8.2±0.07a	7.9±0.08b
T. only	5.62±1.02a	5.35±0.17a	0.16±0.01a	0.19±0.01ab	7.8±0.12b	7.7±0.06b
control	5.75±1.21a	5.80±0.08a	0.20±0.02a	0.18±0.01b	7.7±0.11b	7.8±1.14b

注：每一列不同字母表示差异显著（$P\leqslant0.05$）。

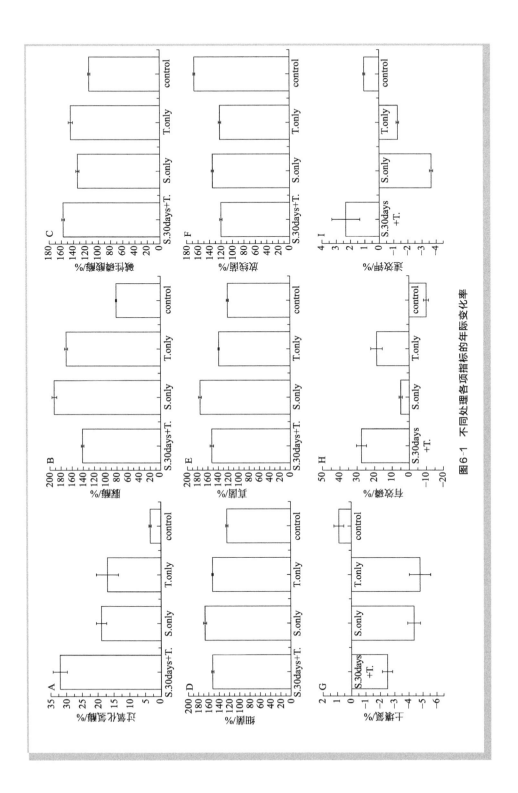

图6-1 不同处理各项指标的年际变化率

6.3
本章小结

  通过以上的研究，可以得出结论：复合接种 *S. luteus* 和 *T. virens*，在根际土壤酶、土壤微生物数量和土壤养分 3 个层面均可以提高樟子松根际土壤的生物活性，且这种提高具有一定的持久性，年际变化显著。各项指标内在应该存在一定的联系，复合接种后，能够显著提高根际土壤酶活性进而催化根际营养物质的转化，促进根际营养和代谢循环，增加土壤的微生物数量进而增加土壤的生物活性。

第7章

共培养条件下绿木霉对褐环乳牛肝菌产酶的诱导效应

7.1
材料与方法

7.1.1
菌株来源

菌根菌褐环乳牛肝菌（*S. luteus*）由采自辽宁省阜新市章古台樟子松人工林下的新鲜子实体分离获得，现保存于沈阳农业大学林学院森林微生物实验室（菌株编号 N94）。绿木霉（*T. virens*）菌株由课题组从以色列希伯来大学农学院引进（菌株编号 T43）。

7.1.2
褐环乳牛肝菌与绿木霉的对峙培养

用直径 10mm 无菌打孔器在已活化好的褐环乳牛肝菌菌株 N94 的菌落边缘打取菌饼，然后接种在直径 90mm PDA 平板上一侧，在 25℃培养箱中黑暗培养。待菌落大约生长至培养皿的 1/2 直径时，在与菌饼相距 40mm 处接入直径 10mm 已培养 5d 的绿木霉菌饼。设 3 次重复，继续在 25℃培养箱中培养。待绿木霉与褐环乳牛肝菌接触时结束培养，在光学显微镜下进行观察和拍照。

7.1.3
褐环乳牛肝菌与绿木霉互作的扫描电镜观察

在对峙培养菌株交接处，用无菌打孔器切取直径 10mm 的菌饼，刮除多余的培养基，置于盖玻片上，然后将菌饼烘干，使其平铺并紧贴在盖玻片上。以单独切取褐环乳牛肝菌和绿木霉菌饼为对照，3 次重复。将干燥的样品用扫描电镜（德国 SIGMA 500）进行菌丝形态观察。

7.1.4
绿木霉诱导褐环乳牛肝菌产酶

（1）**菌株培养及诱导物的制备** 用直径5mm的无菌打孔器，切取在PDA平板上已培养20d的褐环乳牛肝菌和培养5d的绿木霉菌饼，分别接种于盛有250mL PD液体培养基的500mL三角瓶中，每瓶接种3片菌饼，然后置于摇床上于25℃、150r/min振荡培养。褐环乳牛肝菌培养15d，绿木霉培养5d，分别得到二者的液体菌剂，备用。用无菌纱布将培养好的绿木霉菌丝体滤出，经无菌水冲洗数次，将菌丝体在60℃烘箱中烘干灭活，然后将菌丝体碾成粉末，密封，4℃保存备用。

（2）**绿木霉的诱导接种** 准确称取1g灭活木霉菌丝体，经紫外线表面消毒后，接种于前面已经培养好的褐环乳牛肝菌培养液中，置于摇床上（25℃、150r/min）振荡培养，以未接种木霉菌丝体为空白对照（CK），3次重复。每天用无菌吸管吸取褐环乳牛肝菌培养液1次，每次吸取10mL，共取样7次，每次取样均进行如下项目测定，试验周期为7d。

（3）**多酚氧化酶活性测定** 取5mL 0.1mol/L pH5.0的醋酸缓冲液，加入0.5mL 0.1mmol/L邻苯二酚，再加入0.5mL的培养滤液，30℃保温30min，用分光光度计于400nm处测定吸光值A_{400}。以灭活培养菌液为对照，取1mL的滤液，煮沸5min，然后取0.5mL，加入0.5mL 0.1mmol/L的邻苯二酚，加5mL 0.1mol/L pH5.0的醋酸缓冲液，置于30℃反应30min，然后用紫外分光光度计（美国UV-VIS）于400nm处测定吸光值A_{400}，3次重复。

（4）**几丁质酶活性测定** 取0.5mL的培养滤液，加入pH5.5的50mmol/L冷醋酸缓冲液10mL，4℃、10000r/min低温离心20min，留上清。通过测定反应终产物中N-乙酰氨基葡萄糖的含量来表示样品中几丁质酶活性。反应混合物包括0.6mL的上清液和1mL1%的胶体几丁质（用0.1mol/L pH5.5的醋酸缓冲液配制），37℃水浴3h后，加入0.75mL二硝基水杨酸溶液，沸水浴10min终止反应，冷却，4℃、10000r/min低温离心5min，取上清液，用分光光度计测定各样品在540nm处的光吸收值A_{540}，3次重复。

（5）**漆酶活性测定** 取5mL 0.1mol/L pH4.6的醋酸缓冲液，加入3.36mmol/L的邻联甲苯胺（用95%的乙醇溶解）0.5mL，再加入0.5mL的培养滤液，28℃保温30min，用分光光度计于600nm处测定吸光值。以灭活菌液为对照，取 0.5mL 的滤液，煮沸 5min，加入 0.5mL3.36mmol/L 的邻联甲苯胺，加 5mL 0.1mol/L pH4.6 的醋酸缓冲液，置于 28℃反应 30min，然后用分光光度计于 600nm 处测定吸光值，3 次重复。酶活力以样品与底物反应 30min 后吸光值改变值表示。

（6）**中性蛋白酶活性测定**　取试管 3 支，每管加入 1mL 的培养滤液，40℃水浴预热 5min，再加入同样预热的酪蛋白 1mL，保温 10min，立即向各管加入 2mL 0.5mol/L 三氯乙酸终止反应，继续保温反应 20min。另取 3 支试管，每管加入 1mL 培养滤液，再加 0.4mol/L 碳酸钠 5mL，福林酚 1mL，摇匀，40℃保温 20min 后，用分光光度计于 660nm 处测定吸光值，3 次重复。空白试验测定方法同上，只是在加培养滤液之前加三氯乙酸，使酶失活。

7.2
结果与分析

7.2.1
褐环乳牛肝菌与绿木霉体外培养观察

（1）**褐环乳牛肝菌与绿木霉对峙培养观察**　绿木霉在与褐环乳牛肝菌接触后，对褐环乳牛肝菌生长未见有明显影响，并未形成明显的拮抗线（图 7-1）。绿木霉生长速度较快，在与褐环乳牛肝菌接触之后，逐渐将褐环乳牛肝菌菌落覆盖，而褐环乳牛肝菌生长也未受显著影响，依旧在绿木霉菌丝下生长，二者生长几乎互不干扰，且菌丝形态也未有明显改变。

（2）**褐环乳牛肝菌与绿木霉对峙培养扫描电镜观察**　通过扫描电镜观察，结果如图 7-2 所示。在扫描电镜（10.0kV）放大 1000 倍时，可以清晰地观察到绿木霉和褐环乳牛肝菌的菌丝体在培养皿中交联穿插，它们的生长相互影响并不显著。

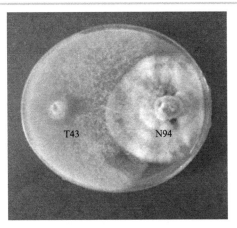

图 7-1　褐环乳牛肝菌与绿木霉对峙培养

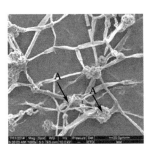
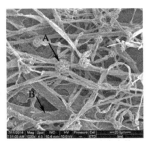
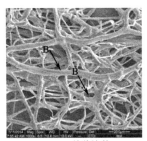

S. luteus 单独培养　　　　*S. luteus* 和 *T. virens* 对峙培养　　　　*T. virens* 单独培养

图 7-2　褐环乳牛肝菌与绿木霉对峙培养的扫描电镜观察

（A 为 *T. virens* 孢子，　B 为 *S. luteus* 菌丝）

7.2.2
绿木霉对褐环乳牛肝菌产酶诱导

（1）**多酚氧化酶活性**　褐环乳牛肝菌经灭活绿木霉菌丝体诱导处理后，其培养液中多酚氧化酶活性变化显著（图 7-3A）。经诱导接种后，培养液中多酚氧化酶活性即开始上升，在第 6d 上升至最高，为 25.2U/mL；在第 7d 略有下降，且基本维持在第 6d 的活力水平，为 25U/mL。而在对照组中，酶活表现较为平稳，没有明显的起伏，表明该处理的多酚氧化酶活性基本没有变化。试验结果表明，灭活绿木霉菌丝体可以有效诱导褐环乳牛肝菌产生多酚氧化酶，且诱导效果比较迅速，在诱导接种后的第 2d 即表现出酶活性上升的现象。

（2）**几丁质酶活性**　对褐环乳牛肝菌几丁质酶活性的诱导结果见图 7-3B。在试验开始时，诱导组和对照组的酶活性均有不同程度的上升，其中诱导组曲线斜率大于对照。诱导组几丁质酶活性在试验第 5d 达到最大，为 0.33U/（g·s），随后开始缓慢下降；在试验结束时（第 7d），几丁质酶活下降至 0.25U/（g·s）。与此同时，对照组几丁质酶活性也在第 5d 上升至最高，为 0.35U/（g·s），第 7d 下降至 0.15U/（g·s）。诱导组与对照组的酶活性变化趋势相同，均为先上升后下降。试验结果表明，褐环乳牛肝菌产几丁质酶受灭活绿木霉菌丝体的诱导效应不显著。产几丁质酶是褐环乳牛肝菌固有属性，在其生长到一定时期就会产生。但本研究结果显示，加入绿木霉诱导之后，几丁质酶活性的下降幅度要远低于对照，表明绿木霉的存在可以维持褐环乳牛肝菌几丁质酶的活性。

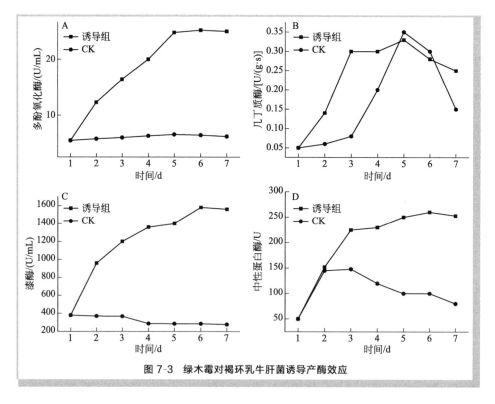

图 7-3　绿木霉对褐环乳牛肝菌诱导产酶效应

（3）**漆酶活性**　褐环乳牛肝菌经过灭活绿木霉菌丝体诱导处理后，其培养液中漆酶活性呈明显升高（图 7-3C）。在诱导接种后，褐环乳牛肝菌培养液中漆酶活性即开始明显上升，在试验第 6d 时，漆酶活性达到最高，为

1580U/mL。整个过程为明显上升趋势。到第 7d 时略有下降，降至 1560U/mL。而对照组漆酶活性在整个过程中趋于平缓，且表现为略有下降。测定结果表明，经绿木霉诱导后，褐环乳牛肝菌漆酶活性明显增强，绿木霉可以有效起到诱导因子的作用。

（4）中性蛋白酶活性　与几丁质酶活性诱导结果相似，中性蛋白酶的变化规律基本呈先上升后下降的趋势（图 7-3D）。值得指出的是，绿木霉对褐环乳牛肝菌中性蛋白酶的诱导作用具有滞后性，在试验的第 3d 后，诱导组的酶活性才高于对照组，且在第 6d 酶活上升至最高，为 269U。而在对照中呈现先略上升后下降的变化趋势。其中处理组酶活最高峰出现在第 2d，为 148U。测定结果表明，褐环乳牛肝菌可产生中性蛋白酶，而绿木霉在一定程度上增加了其产酶量。

7.3
本章小结

绿木霉与褐环乳牛肝菌在对峙培养条件下，褐环乳牛肝菌的生长几乎不受绿木霉的影响，液体共培养条件下，绿木霉可以有效诱导褐环乳牛肝菌产生多酚氧化酶、漆酶、几丁质酶和中性蛋白酶。本研究仅从诱导产酶角度，初步揭示了绿木霉与褐环乳牛肝菌复合接种樟子松的"协同增效"作用的原因，但二者是否还存在其他作用机制，如环境因子等，还有待于进一步研究。

第8章

"体系"的野外应用初步研究

8.1
试验场地

场地设在辽宁省阜新市章古台试验林场。研究地位于东经 $122°11'15''$—$122°30'00''$，北纬 $42°37'30''$—$42°50'00''$，属半干旱区，年降水量 $450\sim550mm$，年蒸发量 $1200\sim1450mm$，年均温 $5.7℃$，最高 $35.2℃$，最低 $-29.5℃$，土壤为风沙土。

8.2
菌剂制备

用直径 $5mm$ 的无菌打孔器，切取在 PDA 平板培养基上培养好的 *S. luteus*（培养 30d）和 *T. virens*（培养 5d）菌饼，分别接种于盛有 $250mL$ PD 液体培养基的三角瓶（$500mL$）中，每瓶接种 3 片菌饼。置于摇床上（$25℃$、$150r/min$）振荡培养。*S. luteus* 培养 30d，*T. virens* 培养 5d，得到液体菌剂，使用前用搅碎机将菌丝体搅碎做匀浆处理。

8.3
试验设计

设置 4 种处理方式：

处理 1：先接种 *S. luteus*，30d 后再接种 *T. virens*（S. 30days ＋ T.）；

处理 2：只接种 *S. luteus*（S. only）；

处理 3：只接种 *T. virens*（T. only）；

处理 4：接种无菌 PD 培养液（control）。

8.4
接种处理

采用截根浸泡的方式对一年生苗木进行接种。将上述菌剂稀释 10 倍，在一年生樟子松苗木进行换床时，用大盆浸泡苗木根部，每种处理浸泡约 30min。浸泡后进行苗木的栽植，浇水，每个处理栽植 1m×5m 的苗床，中间设 1m×1m 的缓冲带，生长 1 个月后进行木霉接种处理（木霉使用开沟接种法），试验设 3 次重复。待生长结束后于 10 月 15 日进行调查并采样进行相关指标的测定（图 8-1）。

图 8-1　接种现场

8.5
取样

每块圃地采用"S"取样方法，所取苗木随机挖取，用铁锹连根挖取整棵苗木（不能使主根折断），分别标记，每种处理取样 70 株。将所取样品苗木封好，分别测其苗高、地径、主根长、一级侧根数以及生物量（图 8-2）。

图 8-2 取样现场

8.6
大田野外应用研究结果

8.6.1
生长指标

各处理组苗木成活率均在 95％以上，对各处理区域进行采样测定，结果表明：在各项苗木生长指标方面，S.30days ＋ T.处理组都表现出较好的效果，均高于其他处理组。在苗高方面，S.30days ＋ T.处理组平均苗高比 control 高 5.4％，为 12.03cm。单独接种 *S.luteus* 或 *T.virens* 在苗高方面表现相似（图 8-3）。在地径方面，S.30days ＋ T.处理组平均地径比 control 高 17.7％，为 4.58mm。单独接种 *S.luteus* 或 *T.virens* 在地径方面表现相似（图 8-4）。

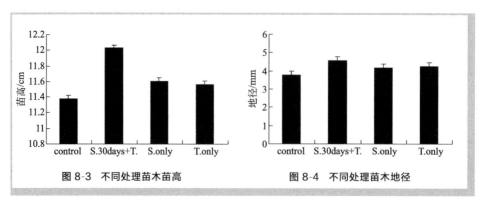

图 8-3 不同处理苗木苗高   图 8-4 不同处理苗木地径

8.6.2
苗木根部

在主根长方面，S.30days ＋ T.处理组平均主根长比 control 高 23.8％，为 20.68cm。单独接种 N94 和 T43 在主根长方面表现相似（图 8-5）。在一级侧根数方面，S.30days ＋ T.处理组平均一级侧根数比 control 高 28％，为 14（图 8-6）。单独接种 *S. luteus* 或 *T. virens* 在一级侧根数方面表现不同，单独接种 *S. luteus* 处理组一级侧根数略低于单独接种 *T. virens* 处理组，大约低 16％，由于木霉菌对苗木具有促进生长的作用，所以一级侧根数多于 *S. luteus* 单独接种处理组也应该是正常现象。

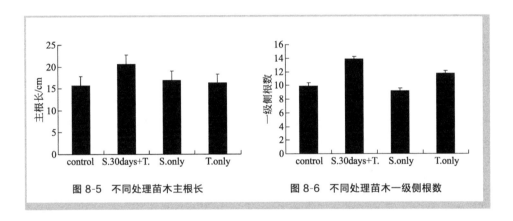

图 8-5　不同处理苗木主根长　　　　图 8-6　不同处理苗木一级侧根数

8.6.3
生物量

在苗木鲜重方面，S.30days ＋ T.处理组平均鲜重比 control 高 14.3％，为 8.4g。单独接种 *S. luteus* 或 *T. virens* 在鲜重方面表现相似（图 8-7）。在干重方面，S.30days ＋ T.处理组平均干重比 control 高 15.8％，为 5.7g。单独接种 *S. luteus* 或 *T. virens* 在干重方面表现相似（图 8-8）。

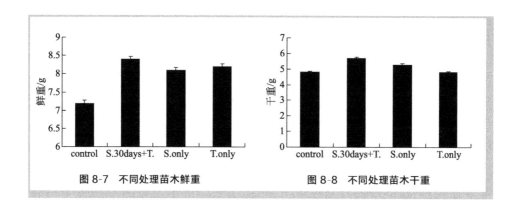

图 8-7　不同处理苗木鲜重　　　　　　图 8-8　不同处理苗木干重

8.7
本章小结

　　任何理论研究的落脚点都是成果的转化，而大田应用正是菌根菌开发与逆境造林的瓶颈问题。本文进行了樟子松最佳外生菌根菌的筛选、最佳接种方式的筛选、"体系"抗逆性评价、土壤微生态研究以及菌株互作机理等一系列研究，最终目的是将所得理论结果应用于实际生产，为林业生产带来效益，提高苗木质量以及造林的成活率。本研究表明，我们所构建的接种模式能够较好地提高苗木的质量，提高苗木生物量的积累。

　　这里值得一提的是，在大田当中应用菌根菌的研究鲜有报道，原因主要是在大田环境下许多因素都是不可控的，土壤微生态环境较为复杂。因此，所得结果与我们在大棚环境可控的条件下所得的结果略有不同。大棚苗的一年生苗高一般为 10cm 左右，而大田苗的二年生苗木苗高约为 12cm；在生物量积累方面，大棚苗却远不及大田苗。这就说明，在大棚的相对稳定生长条件下，樟子松苗木确实存在一定的徒长现象，加之辽宁省和黑龙江省大约相差半个月的物候期，致使试验结果和苗木生长状态不尽相同。虽然试验现象不及盆栽可控试验明显，但基本可以看出，人为接种外生菌根菌和绿木霉可以有效提高苗木的抗逆性和苗木质量，这样的结果正是我们所期望的。

第9章

结论与展望

本研究从野外分离得到的外生菌根菌株，对一年生樟子松苗木进行接种试验，从中筛选出具有高效促生作用的外生菌根菌株——褐环乳牛肝菌，利用其发酵液与前期筛选得到的高效生防绿木霉菌株对一年生樟子松苗木进行复合接种试验构建出"樟子松-褐环乳牛肝菌-绿木霉"三位一体的促生抗逆体系，并对该体系进行耐旱、耐盐碱、根际微生态等一系列研究，得出以下结论。

（1）褐环乳牛肝菌与绿木霉能够很好地发挥"协同增效"作用，对樟子松苗木接种的促生作用明显高于两种菌株分别单独接种。

（2）褐环乳牛肝菌与绿木霉具有良好的耐旱性，所构建的"抗逆体系"亦有很好的耐旱性，在干旱胁迫下均有良好的抗逆性，能够较好地进行正常的生长代谢。

（3）褐环乳牛肝菌与绿木霉具有良好的耐盐性，所构建的"抗逆体系"亦有很好的耐盐性，在盐胁迫（$C_{NaCl} \leqslant 0.2mol/L$，$C_{Na_2SO_4} \leqslant 0.2mol/L$，$C_{NaHCO_3} \leqslant 0.1mol/L$）条件下均有良好的抗逆性，能够较好地进行正常的生长代谢。

（4）褐环乳牛肝菌与绿木霉复合接种樟子松苗木，对苗木根际土壤微生态有明显的影响，可以较好地改良苗木根际土壤，提高苗木根际微生物数量，提高根际土壤酶活性，促进苗木对矿质元素的吸收（尤其是 N 和 P 元素）。

（5）褐环乳牛肝菌与绿木霉在体外对峙培养条件下，均能够正常的生长，说明二者兼容性远远高于竞争性，且电镜观察表明，二者生长状态良好。绿木霉在整个过程中扮演"诱导因子"的角色，在绿木霉诱导接种条件下，能够较好地诱导褐环乳牛肝菌在液体培养中产酶，其中以漆酶活性的提升最为显著。

（6）野外试验结果表明，"抗逆体系"的生长状况均优于其他处理组，"抗逆体系"能够很好地提高苗木生长质量，提高苗木的抗逆性。

本研究从樟子松外生菌根菌筛选入手，着眼于"抗逆体系"相关评价深入研究，得到一系列研究结果。由于时间和工作量的原因，研究暂时告一段落，但相关研究仍有很多工作要做。今后的研究可以盐碱地生物修复作为切入点，因为室内耐盐性研究的结果已表明，"抗逆体系"具有较好的耐盐性，该研究结果可以作为盐碱地生物修复的理论基础，因此，相关研究或可从这方面展开。可以肯定，外生菌根菌生物修复应用以及相关菌剂的开发具有很大的前景。

参 考 文 献

[1] Harley J L, Smith S E. Applieation of myeorrhizal symbiosis in forestry praetiee. London: Myeorrhizal Symbiosis Aeademic Press, 1983:1-453.

[2] 张茹琴. 秦岭外生菌根真菌多样性及其提高油松抗猝倒病的机制. 西北农林科技大学, 2008:1-10.

[3] 于富强, 纪大干, 刘培贵. 云南外生菌根真菌分离培养研究. 植物研究, 2003, 23(1):66-71.

[4] 毕国昌, 郭秀珍, 臧穆. 在纯培养条件下温度对外生菌根菌生长的影响. 林业科学研究, 1989, 2(3): 247-253.

[5] 蒋盛岩, 张平, 胡劲松, 等. 外生菌根菌白毒伞(Amanita verna)菌丝体纯培养条件. 湖南师范大学学报, 2002, 25(1):75-77.

[6] 弓明钦, 陈应龙, 仲崇禄. 菌根研究及应用. 北京: 中国林业出版社, 1997.

[7] 朱伟兴, 胡嘉琪, 吴人坚, 等. 黄山松和外生菌根菌的相互关系其菌根建成. 植物学报, 1991, 33(5): 356-362.

[8] 仲崇禄, 弓明钦, 康丽华, 等. 接种菌根菌对桉树生长的影响. 林业科学研究, 2001, 14(2):181-187.

[9] 梁军, 张颖, 贾秀贞, 吕全, 张星耀. 外生菌根菌对杨树生长及抗逆性指标的效应. 南京林业大学学报, 2003, 27(4):39-43.

[10] 刘润进, 陈应龙. 菌根学. 北京: 科学技术出版社. 2007.

[11] 樊荣, 白淑兰, 刘勇, 周晶, 董智. 大青山外生菌根真菌资源与生态研究. 生态学报, 2006, 26(3): 837-841.

[12] 卯晓岚. 中国大型真菌. 郑州: 河南科技出版社, 2000.

[13] Agerer R. Fungal relationships and structural identity of their ectomycorrhizae. Mycological Progress, 5(3):67-107.

[14] 刘志敏, 黄建国. 钾对外生菌根真菌分泌氢离子及吸收氮磷钾的影响. 甘肃农业科技, 2009, 1:25-27.

[15] Ba A M, Sanon K B, Duponnois R. Influence of ectomycorrhizal inoculation on Afzelia quanzensis Welw. seedlings in a nutrient-deficient soil. For. Ecol. Man, 2002, 161:215-219.

[16] Smith S E, Read D J. Mycorrhizal symbiosis. Newyork: Academic, 1997.

[17] Ho L, Zak B. Acid phosphatase activity of six ectomyeorrhizal douglas fir rootlets and some mycorrhizal fungi. Plant and Soil, 1979, 54: 395-398.

[18] Bending G D, Read D J. The structure and function of the vegetative mycelium of ectomycorrhizal plants. Activities of nutrient mobilizing enzymes in birch litter colonized by Paxillus involutus (Fr.) Fr. New Phytologist, 1995, 130: 411-417.

[19] 宋勇春, 冯固, 李晓林. 不同磷源对红三叶草根际和菌根际磷酸酶活性的影响. 应用生态学报, 2003, 14 (5):781-784.

[20] 薛小平, 张深, 李海涛, 等. 磷对外生菌根真菌松乳菇和双色蜡蘑草酸、氢离子和磷酸酶分泌的影响. 菌物学报, 2008, 27(2):193-200.

[21] Langenfeld-Hevser R, Gao J, Dueie T, et al. Paxillus involutus mycorrhiza attenuate NaCl-stress responses in the salt-sensitive hybrid poplar *Populus canescens*. Mycorrhiza,2007,17(2):121-131.

[22] 闫伟,韩秀丽,白淑兰,邵东华.虎榛子几种菌根苗抗旱机制的研究.林业科学,2006,12(42):73-76.

[23] 黄艺,陶澎,姜学艳,等.过量铜对4种外生菌根真菌的生长、碳氮和铜积累的影响.微生物学报,2002,42(6):737-744.

[24] 梁宇,郭良栋,马克平.菌根真菌在生态系统中的作用.植物生态学报,2002,26(6):739-745.

[25] 吴强盛,夏仁学.VA菌根与植物水分代谢的关系.中国农学通报,2004,20(1):188-192.

[26] 谢一青,李志真,杨宗武.pH、盐浓度及铝离子对菌根菌生长的影响.江西农业大学学报,2002,24(2):204-207.

[27] 朱教君,徐慧,许美玲,等.外生菌根菌与森林树木的相互关系.生态学杂志,2003,22(6):70-76.

[28] Brundrett M. Mycorrhizal associations and other means of nutrition of vascular plants: understanding the global diversity of host plants by resolving conflicting information and developing reliable means of diagnosis. Plant soil,2009,320:37-77.

[29] 景跃波.我国树木外生菌根菌资源状况及生态学研究进展.西部林业科学,2007,36(2):135-140.

[30] Tedersoo L,May T W,Smith M E. Ectomycorrhizal life style in fungi: global diversity,distribution and evolution of phylogenetic lineages. Mycorrhiza,2010,20:217-263.

[31] 曹凤娟.土生空团菌的培养特性及其对宿主植物促生作用研究.内蒙古农业大学,2011.

[32] 邵力平,等.真菌分类学.北京:中国林业出版社,1984.

[33] Kirk P M,Cannon P F,David J C,Stalpers J A. Dictionary of the Fungi(Nineth Edition). CAB international,2001.

[34] 龚明波.木霉厚垣孢子制剂的防病促生机制研究.中国农业科学院,2004.

[35] 李宏科,费成煜,金星.拮抗微生物的开发与利用.世界农业,1998,(8):28-29.

[36] 杨合同.木霉分类与鉴定.北京:中国大地出版社,2009.

[37] Rosa D R , Herrera C J L. Evaluation of *Trichoderma* spp. as bioncontrol agents against avocado white root rot. Biological Control,2009,51(5):66-71.

[38] 杨依军,王勇,杨秀荣,等.拮抗木霉菌在生物防治中的作用.天津农业科学,2000,6(3):29-35.

[39] 薛宝娣,李娟,陈永萱.木霉(TR-5)对病原真菌的拮抗机制和防病效果研究.南京农业大学学报,1995,18(1):31-36.

[40] 高克祥,刘晓光,郭润芳,等.木霉菌对五种植物病原真菌的重寄生作用.山东农业大学学报:自然科学版,2002,33(1):37-42.

[41] 高克祥,王淑红,刘晓光,等.木霉T88对7种病原真菌的拮抗作用.河北林果研究,1999,14(2):10-12.

[42] Wells H D,Bell D K,Jaworski C A. Efficacy of *Trichoderma harzianum* as abiocontrol for Scerotium rolfsii. Phytopathology,1984,74:498-501.

[43] 郭润芳,刘晓光,高克祥,等.拮抗木霉菌在生物防治中的应用与研究进展.中国生物防治,2002,18(4):150-154.

[44] Siddiqui I A,Shaukat S S. *Trichoderma harzianum* enhances the production of nematicidal compounds

in vitro and improves biocontrol of meloidogyne javanica by *Pseudomonas fluorescens* in tomato. Lett Appl Microbiol,2004,38:169-175.

[45] Sivan A. The possible role of competition between *Trichoderma harzianum* and *Fusarium oxysporum* on thizosphere colonization. Phytopathology,1989,79(2):198-203.

[46] Daniclson R M. Carbon and Nitrogen in *Trichoderma*. Phytopathology,1989(79):1071-1078.

[47] 李贵香,高海霞,田连生,等.拮抗木霉耐多菌灵菌株的筛选.生物技术,2006,16(6):29-30.

[48] 薛宝娣,李娟,陈永董.木霉(TR-S)对病原真菌的拮抗机制和防病效果研究.南京农业大学学报, 1995,18(1):31-36.

[49] 王未名,陈建爱,孙永堂,等.六种土传病原真菌被木霉抑制作用机理的初步研究.中国生物防治, 1999,15(3):142-143.

[50] Chet I,Inbar J. Biological control of fungal pathogens. Appl Biochem Biotechnol,1994,48:37-43.

[51] Hubbard J P,Harman G E, Hader Y. Effect of soilborne *Pesudomonas* spp. On the biocontrol agent, *Trichoderma hamatum*,om peaseeds. Phytopathplogy,1983,73:655-659.

[52] Sivan A,and Chet I. The possible role of competition between *Thichoderma harzianum* and *Fusarium oxysporum* on rhizosphere colonization. Phytopathology,1989,79:198-203.

[53] Ahmad J S,Baker R. Competitive saprophytic ability and cellulolytic activity of rhizosphere-competent mutants of *Trichoderma harzianum*. Phytopathology, 1987,77:358-362.

[54] Weindlong R. Studies on a lethal principle effective in the parasit-icaction of *Trichoderma lignorum* on *Rhizoctonia solani* and other-soil fungi. Phytopathology,1932,22:837-845.

[55] Wells H D,Bell D K,Jaworski C A. Efficacy of *Trichoderma harzianum* as a biocontrol for *Scerotium rolfsii*. Phytopathology,1984,74:498-501.

[56] Elad Y,Chet I,Henis Y. *Trichoderma harzianum*：A biocontrol a-gent effective against *Sclerotium rolfsii* and *Rhizoctonia solani*. Phytopathology,1980,70:119-121.

[57] 高克祥,刘晓光,郭润芳.木霉菌对五种植物病原真菌的重寄生作用.山东农业大学学报,2002,33(1): 37-42.

[58] Elad Y,Barak R,Chet I. Possible role of lectins in mycoparasitism. J Bacteriol,1983,154:1431-1435.

[59] Neethl I N,Nevalai N H. Mycoparasitic s pecies of *Trichoderma* produce lectins. Can J Microbiol, 1996,42:141-146.

[60] Cruz J, et al. A novel endo-beta-1, 3-glucanase involved in themycoparasitism of *Trichoderma harzianum*. J Bacteriol,1995,177: 6937-6945.

[61] EI-Katatny M,Gudelj M,Robra K H,et al . Characterizati on of a chitinase and an endo beta-1,3-glucanase from *Trichoderma harzianum* Rifai T24 involved in control of the phytopathogen *Sclerotium rolfsi*. Appl Microbiol Biotechnol,2001,56 137-143.

[62] Thrane C,Tronsmo A,Jensen D F. Endo-1,3-glucanase and cellular from *Trichoderma harzianum* Purificati on and Partial characterizati on induction of biological activity against plant pathogenic *Pythium* spp. Europe J Plant Pathology,1997,103: 3331-3344.

[63] Viterbo A, Harel M, Chet I. Isolation of twoaspartyl proteases from *Trichoderma asperellum*

expressed during colonization of cucumber roots. FEMS Microbiol Lett,2004,238: 151-158.

[64] Sanz L,Montero M,Redondo J,et al. Expression of an alpha-1,3-glucanase during mycoparasitic interaction of *Trichoderma asperellum*. FEBS J,2005,272:493-499.

[65] Chet. I ,Baker R .lsolation and biocontrol potential of *Trichodrma hamarum* from soil naturally suppressive to *Rhizofctonia solani*. PllytoPatllology,1981 (71):286-290.

[66] Weindling R. *Trichoderma lignorum* as a Parasite of Other Soil Fungi. Phytopathology,1932,22: 837-845.

[67] Geremia R A, et al. Belgirate, Italy: International *Trichoderma* and *Gliocladium* Workshop (Abstracts),1991(4):131.

[68] Haran S,Schikler H,et al. Vanconver,Canada International Mycological Congress (Abstracts),1994, (5): 35.

[69] Olson H A,Benson D M. Induced systemic resistance and the role of binucleate *Rhizoctonia* and *Trichoderma hamatum* 382 in biocontrolof Botrytis blight in geranium. Biol Control, 2007, 42: 233-241.

[70] Yedidia I,Shoresh M,Kerem Z,et al. Concomitant induction of systemic resistance to *Pseudomonas syringaepvlachrymans* in cucumber by *Trichoderma asperellum* (T-203) and accumulation of phytoalexins. Appl Env Microbiol,2003,69:7343-7353.

[71] Hanson L E,Howell C R. Elicitors of plant defence responses frombiocontrol strains of *Trichoderma virens*. Phytopathol,2004,94:171-176.

[72] Howell C R. Mechanisms employed by *Trichoderma* species in the biological control of plant diseases: the history and evolution of current concepts. Plant Dis,2003,87:4-10.

[73] Yin D C,Saiyaremu H F,Song R Q,Qi J Y,Deng X, Deng J F. Effects of an ectomycorrhizal fungus on the growth and physiology of *Pinus sylvestris* var. *mongolica* seedlings subjected to saline-alkali stress. Journal of ForestryResearch, 2020,31(3):781-788.

[74] Tsavkelova E A, Cherdyntseva T A, Netrusov A I, et al. Microbial producers of plant growth stimulators and their practical use: a review. Applied Biochemistry and Microbiology, 2006, 2: 117-126.

[75] Hexon A C C,Lourdes M R,Carlos C P,et al. *Trichoderma virens*,a plant beneficial fungus,enhances biomass production and promotes lateral root growth through and auxin dependent mechanism in Arabidopsis. Plant Physiology,2009,149:1579-1592.

[76] Vinale F, D'Ambrosio G, Abadi K, et al. Application of *Trichoderma harzianum*(T22) and *Trichoderma atroviride* (P1) as plant growth promoters, and their compatibility with copper oxychloride. Journal of Zhejiang University Science, 2004,30:2-8.

[77] Bentez T, Rincon A M, Limon M C, et al. Biocontrol mechanisms of *Trichoderma* strains. International Microbiology, 2004,7:249-260.

[78] Kohler J,Caravaca F. Interactions between a plant growth-promoting rhizobacterium,an AM fungus and a phosphate-solubilising fungus in the rhizosphere of *Lactuca sativa* . Applied Soil Ecology,2007,

35:480-487.

[79] Raimam M P,Albino U,Cruz M F. Interaction among free-living N-fixing bacteria isolated from *Drosera villosa* var. *villosa* and AM fungi (Glomus clarum) in rice (Oryza sativa). Applied Soil Ecology,2007,35:25-34.

[80] Brule C,Frey-Klett P. Survival in the soil of the ectomycorrhizal fungus *Laccaria bicolor* and the effects of a mycorrhiza helper Pseudomonas fluorescens. Soil Biology and Biochemistry,2001,33: 1683-1694.

[81] 盛江梅.菌根真菌与植物根际微生物互作关系研究.西北林学院学报,2007,22(5):104-108.

[82] Chandanie W A. Interactions between plant growth promoting fungi and arbuscular mycorrhizal fungus *Glomus mosseae* and induction of systemic resistance to anthracnose disease in cucumber. Plant Soil,2006,286:209-217.

[83] Green H,Larsen J,Olsson P A,et al. Suppression of the biocontrol agent *Trichoderma harzianum* by mycelium of the arbuscular mycorrhizal fungus *Glomus intraradices* in root-free soil. Applied and Environmental Microbiology, 1999,65:1428-1434.

[84] 赵兴梁,李万英.樟子松.北京:农业出版社,1963.

[85] 杨劲松.中国盐渍土研究的发展历程与展望.土壤学报,2008,45(5):837-845.

[86] Mashali A,Suarez D L,Nabhan H,et al. Integrated Management for Sustainable Use of Salt-affected Soils. Rome:FAO Soils Bulletin,2005.

[87] 赵可夫.植物抗盐生理.北京:中国科学技术出版社,1993.

[88] Lilius G,Holmberg N,Bulow L. Enhanced NaCl stress tolerance in transgenic tobaccoexpressing bacterial choline dehydrogenase. Bio-Technology,1996,(14):177-180.

[89] Holmstrom K O,Somersalo S,Mandal A,et al. Improved tolerance to salinity and low temperature in transgenic tobacco producing glycine betaine. J Exp Bot,2000,51(343):177-185.

[90] 朱进,别之龙.植物耐盐机理研究进展.长江大学学报:自然科学版,2008,5(4):87-91.

[91] 单雷,赵双宜,夏光敏.植物耐盐相关基因及其耐盐机制研究进展.分子植物育种,2006,4(1):15-22.

[92] Su H,Golldack D,Zhao C S,et al. The expression of HAK-type K+ transporters is regulated in response to salinity stress in common ice plant. Plant Physiol,2002,129(4):1482-1493.

[93] Munns R. Physiological processes limiting plant growth in saline soils:some dogmas and hypotheses. Plant Cell Environ,1993,16(1):15-24.

[94] Kuiper D,Schuit J,Kuiper P J C. Actual cytokinin concentration in plant tissue as an indicator for salt resistance in cereals. Plant Soil,1990,42:243-250.

[95] 王洪春.植物抗逆性与生物膜结构功能研究的进展.植物生理学通讯,1985,(1):60-64.

[96] Kovdawa V A. Loss of Produetivel and due to salinazation. Ambio,1983,Xll(2)2:91-93.

[97] 张世绥.盐碱地绿化的优良树种.林业实用技术,2006,3:27-291.

[98] 卢耀千.大庆地区盐碱地植树造林的技术措施.国土绿化,1994,4:311.

[99] 刘小京,刘孟雨.盐生植物利用与区域农业可持续发展.北京:气象出版社,2002.

[100] 张建锋,李吉跃,宋玉民,等.植物耐盐机理与耐盐植物选育研究进展.世界林业研究,2003,2:16-22.

［101］王玉珍,刘永信,魏春兰.16种盐生植物对盐碱地土壤改良情况的研究.安徽农业科学,2006,34:951-952.

［102］王志春,裘善文.吉林省西部盐碱化土地治理对策.农业与技术,2002,22:6-9.

［103］尚军,薄其祥,吕雷昌,等.滨海重盐碱地白刺耐盐性及其栽培技术研究.山东林业科技,2000,127:7-11.

［104］张永宏.盐碱地种植耐盐植物的脱盐效果.甘肃农业科技,2005,3:48-49.

［105］林学政,陈靠山,何培青,等.种植盐地碱蓬改良滨海盐渍土对土壤微生物区系的影响.生态学报,2006,26:801-807.